非常规天然气井纳米钻井液离散元流固耦合及井壁稳定机理

FEICHANGGUI TIANRANQI JING NAMI ZUANJINGYE
LISAN YUAN LIU-GU OUHE JI JINGBI WENDING JILI

主　编　杨现禹　宋继伟　杜　威　刘天乐
副主编　朱振南　蒋国盛　蔡记华　解经宇
　　　　何远东　郝海洋

图书在版编目(CIP)数据

非常规天然气井纳米钻井液离散元流固耦合及井壁稳定机理/杨现禹等主编;朱振南等副主编.—武汉:中国地质大学出版社,2025.4.—ISBN 978-7-5625-6161-3

Ⅰ.TE256

中国国家版本馆 CIP 数据核字第 2025A4498J 号

非常规天然气井纳米钻井液离散元流固耦合及井壁稳定机理	杨现禹等 主　编
	朱振南等 副主编

责任编辑:武慧君	选题策划:徐蕾蕾	责任校对:张咏梅

出版发行:中国地质大学出版社(武汉市洪山区鲁磨路388号)	邮编:430074
电　　话:(027)67883511　　传　　真:(027)67883580	E-mail:cbb@cug.edu.cn
经　　销:全国新华书店	http://cugp.cug.edu.cn
开本:787mm×1092mm　1/16	字数:186千字　印张:7.5
版次:2025年4月第1版	印次:2025年4月第1次印刷
印刷:广东虎彩云印刷有限公司	
ISBN 978-7-5625-6161-3	定价:58.00元

如有印装质量问题请与印刷厂联系调换

前　言

能源是我国经济长期稳定发展的有力保障。然而,随着化石能源的不断消耗,开发难度的日益增大,环保形势的日趋严峻,开发环境友好型大储量清洁能源成为全球学者、政府和企业关注的焦点。页岩气和煤层气等作为储量巨大的非常规能源,是现代多元能源体系的重要一环,其新增探明地质储量巨大,有望超过常规气,成为中国天然气主力气源。

页岩是典型的低渗透性沉积岩,其井壁稳定问题始终是国内外页岩气(油)勘探开发中的热点和难点。页岩气钻井过程中所钻遇的75%以上的地层是页岩地层,而由页岩引起的井眼失稳问题占比超过90%。抑制页岩水化和封堵页岩纳米孔隙,是稳定页岩气水平井以及高效持续开采页岩气的基础。煤岩具有非均质、低强度特性,易变形破坏,遇水膨胀加剧失稳风险,且割理发育影响井壁稳定性。基于环保和经济成本要求,在实现页岩气和煤层气井壁稳定的前提下,水基钻井液比油基钻井液具有更加广阔的应用前景,但水基钻井液与页岩、煤岩间的相互作用机理仍需要深入探究。

全书第1章和第2章由杨现禹、宋继伟编写,第3章由杨现禹、杜威、刘天乐、蔡记华编写,第4章由杨现禹、朱振南、解经宇编写,第5章由蒋国盛、何远东、郝海洋编写。

关于纳米水基钻井液及离散元流体动力学流固耦合的作用原理、体系等方面研究尚未完全成熟,需要在发展过程中不断完善和修正,以实现离散元流体动力学流固耦合与工程施工的有机结合。由于编者水平有限,谬误之处在所难免,敬请读者批评指正,以期共同促进纳米水基钻井液及离散元流体动力学流固耦合在非常规天然气勘探开发领域的发展。

编者

2025年1月

目 录

第1章 非常规天然气井壁稳定与钻井液 ⋯⋯⋯⋯⋯⋯⋯⋯⋯⋯⋯⋯⋯⋯⋯⋯⋯⋯⋯⋯ (1)
  1.1 概 述 ⋯⋯⋯⋯⋯⋯⋯⋯⋯⋯⋯⋯⋯⋯⋯⋯⋯⋯⋯⋯⋯⋯⋯⋯⋯⋯⋯⋯⋯⋯⋯ (1)
  1.2 泥页岩及煤岩特征 ⋯⋯⋯⋯⋯⋯⋯⋯⋯⋯⋯⋯⋯⋯⋯⋯⋯⋯⋯⋯⋯⋯⋯⋯⋯⋯ (2)
    1.2.1 泥页岩水化特征 ⋯⋯⋯⋯⋯⋯⋯⋯⋯⋯⋯⋯⋯⋯⋯⋯⋯⋯⋯⋯⋯⋯⋯⋯ (2)
    1.2.2 泥页岩纳米级孔隙特征 ⋯⋯⋯⋯⋯⋯⋯⋯⋯⋯⋯⋯⋯⋯⋯⋯⋯⋯⋯⋯⋯ (4)
    1.2.3 煤岩储层和孔隙特征 ⋯⋯⋯⋯⋯⋯⋯⋯⋯⋯⋯⋯⋯⋯⋯⋯⋯⋯⋯⋯⋯⋯ (6)
  1.3 页岩井壁稳定性 ⋯⋯⋯⋯⋯⋯⋯⋯⋯⋯⋯⋯⋯⋯⋯⋯⋯⋯⋯⋯⋯⋯⋯⋯⋯⋯⋯ (7)
    1.3.1 页岩井壁稳定模型 ⋯⋯⋯⋯⋯⋯⋯⋯⋯⋯⋯⋯⋯⋯⋯⋯⋯⋯⋯⋯⋯⋯⋯ (7)
    1.3.2 页岩井壁失稳的解决方案 ⋯⋯⋯⋯⋯⋯⋯⋯⋯⋯⋯⋯⋯⋯⋯⋯⋯⋯⋯⋯ (8)
  1.4 煤层气井壁稳定性 ⋯⋯⋯⋯⋯⋯⋯⋯⋯⋯⋯⋯⋯⋯⋯⋯⋯⋯⋯⋯⋯⋯⋯⋯⋯⋯ (9)
    1.4.1 煤层气井壁稳定模型 ⋯⋯⋯⋯⋯⋯⋯⋯⋯⋯⋯⋯⋯⋯⋯⋯⋯⋯⋯⋯⋯⋯ (10)
    1.4.2 煤层气井壁失稳的解决方案 ⋯⋯⋯⋯⋯⋯⋯⋯⋯⋯⋯⋯⋯⋯⋯⋯⋯⋯⋯ (10)
  1.5 钻井液化学抑制维持井壁稳定现状 ⋯⋯⋯⋯⋯⋯⋯⋯⋯⋯⋯⋯⋯⋯⋯⋯⋯⋯⋯ (11)
    1.5.1 国外页岩气水平井钻井液技术 ⋯⋯⋯⋯⋯⋯⋯⋯⋯⋯⋯⋯⋯⋯⋯⋯⋯⋯ (12)
    1.5.2 国内页岩气水平井钻井液技术 ⋯⋯⋯⋯⋯⋯⋯⋯⋯⋯⋯⋯⋯⋯⋯⋯⋯⋯ (13)
    1.5.3 盐水基钻井液技术 ⋯⋯⋯⋯⋯⋯⋯⋯⋯⋯⋯⋯⋯⋯⋯⋯⋯⋯⋯⋯⋯⋯⋯ (15)
  1.6 纳米材料物理封堵维持井壁稳定现状 ⋯⋯⋯⋯⋯⋯⋯⋯⋯⋯⋯⋯⋯⋯⋯⋯⋯⋯ (15)
    1.6.1 纳米 SiO_2 的作用机理 ⋯⋯⋯⋯⋯⋯⋯⋯⋯⋯⋯⋯⋯⋯⋯⋯⋯⋯⋯⋯⋯ (16)
    1.6.2 纳米 SiO_2 配伍性及稳定性 ⋯⋯⋯⋯⋯⋯⋯⋯⋯⋯⋯⋯⋯⋯⋯⋯⋯⋯⋯ (17)
    1.6.3 纳米颗粒封堵页岩孔隙现状 ⋯⋯⋯⋯⋯⋯⋯⋯⋯⋯⋯⋯⋯⋯⋯⋯⋯⋯⋯ (18)

第2章 页岩、煤岩物性特征和纳米材料封堵性能评价 ⋯⋯⋯⋯⋯⋯⋯⋯⋯⋯⋯⋯ (20)
  2.1 页岩物性特征 ⋯⋯⋯⋯⋯⋯⋯⋯⋯⋯⋯⋯⋯⋯⋯⋯⋯⋯⋯⋯⋯⋯⋯⋯⋯⋯⋯⋯ (20)
    2.1.1 页岩矿物成分分析 ⋯⋯⋯⋯⋯⋯⋯⋯⋯⋯⋯⋯⋯⋯⋯⋯⋯⋯⋯⋯⋯⋯⋯ (21)
    2.1.2 页岩形貌分析 ⋯⋯⋯⋯⋯⋯⋯⋯⋯⋯⋯⋯⋯⋯⋯⋯⋯⋯⋯⋯⋯⋯⋯⋯⋯ (21)
  2.2 煤岩物性特征 ⋯⋯⋯⋯⋯⋯⋯⋯⋯⋯⋯⋯⋯⋯⋯⋯⋯⋯⋯⋯⋯⋯⋯⋯⋯⋯⋯⋯ (23)
    2.2.1 煤岩矿物成分分析 ⋯⋯⋯⋯⋯⋯⋯⋯⋯⋯⋯⋯⋯⋯⋯⋯⋯⋯⋯⋯⋯⋯⋯ (23)
    2.2.2 煤岩形貌分析 ⋯⋯⋯⋯⋯⋯⋯⋯⋯⋯⋯⋯⋯⋯⋯⋯⋯⋯⋯⋯⋯⋯⋯⋯⋯ (23)

2.3 纳米材料筛选和封堵测试评价 ………………………………………… (24)
2.3.1 纳米材料筛选 ………………………………………………… (24)
2.3.2 纳米材料制备 ………………………………………………… (25)
2.3.3 纳米材料封堵页岩孔隙评价 ………………………………… (28)

第3章 纳米材料封堵岩石微纳米孔隙的数值模拟 ……………………… (32)
3.1 颗粒封堵和堆积理论基础 ……………………………………………… (32)
3.1.1 DEM 简介 ………………………………………………………… (32)
3.1.2 颗粒碰撞模型 …………………………………………………… (34)
3.1.3 颗粒之间非接触力模型 ………………………………………… (35)
3.1.4 粒子-流体相互作用力模型 ……………………………………… (36)
3.1.5 颗粒在流体中流动模型 ………………………………………… (36)
3.2 纳米材料封堵模拟简介 ………………………………………………… (37)
3.3 颗粒堆积模型及其参数设置 …………………………………………… (38)
3.3.1 流体及颗粒运动本构模型 ……………………………………… (38)
3.3.2 模型尺寸、物理特性、网格及碰撞属性 ……………………… (41)
3.4 封堵效率影响规律研究 ………………………………………………… (42)
3.4.1 重力对颗粒封堵孔隙效率的影响 ……………………………… (45)
3.4.2 颗粒拖拽力对封堵孔隙效率的影响及其 UDF 模型 ………… (45)
3.4.3 颗粒与出口尺寸比率对封堵效率的影响 ……………………… (46)
3.4.4 颗粒入口速度对封堵效率的影响 ……………………………… (47)
3.4.5 颗粒浓度对封堵效率的影响 …………………………………… (47)
3.4.6 颗粒释放模型对封堵效率的影响 ……………………………… (48)
3.4.7 颗粒密度对封堵效率的影响 …………………………………… (49)
3.4.8 颗粒旋转对封堵效率的影响 …………………………………… (49)
3.4.9 颗粒形状对封堵效率的影响 …………………………………… (49)
3.4.10 颗粒粗糙度和孔隙粗糙度对封堵效率的影响 ……………… (51)
3.4.11 孔道曲折度对模型效率的影响 ……………………………… (52)
3.5 实验验证 ………………………………………………………………… (53)
3.5.1 纳米颗粒浓度实验验证 ………………………………………… (53)
3.5.2 纳米颗粒尺寸实验验证 ………………………………………… (54)
3.5.3 SEM 测试 ………………………………………………………… (55)

第4章 盐溶液影响页岩渗流过程、膜效率和润湿性研究 ……………… (56)
4.1 实验材料及仪器 ………………………………………………………… (56)
4.2 盐溶液对人造页岩渗流过程的影响规律 ……………………………… (56)

  4.2.1 渗流过程测试理论基础 …………………………………………………… (57)
  4.2.2 渗流过程实验程序及方法 ………………………………………………… (58)
  4.2.3 人工页岩渗流过程数据分析 ……………………………………………… (59)
 4.3 盐溶液对页岩渗流过程的影响规律 …………………………………………… (63)
  4.3.1 渗流过程实验结果 ………………………………………………………… (63)
  4.3.2 龙马溪组页岩渗流过程数据分析 ………………………………………… (72)
 4.4 盐溶液对含页岩膜效率的影响规律 …………………………………………… (74)
  4.4.1 测试原理 …………………………………………………………………… (74)
  4.4.2 实验程序及方法 …………………………………………………………… (75)
  4.4.3 实验数据 …………………………………………………………………… (75)
  4.4.4 膜效率数据分析 …………………………………………………………… (76)
 4.5 盐溶液对页岩接触角的影响规律 ……………………………………………… (77)
  4.5.1 实验方法 …………………………………………………………………… (77)
  4.5.2 实验数据 …………………………………………………………………… (77)
  4.5.3 接触角数据分析 …………………………………………………………… (79)

第5章 增强井壁稳定性的纳米盐水基钻井液体系 ……………………………… (81)
 5.1 实验方法 ………………………………………………………………………… (81)
  5.1.1 基于纳米材料物理封堵和盐溶液化学抑制的协同方法 ………………… (81)
  5.1.2 实验材料、实验仪器和评价方法 ………………………………………… (83)
 5.2 基于纳米颗粒的盐水基钻井液体系实验数据 ………………………………… (84)
  5.2.1 高性能盐水基钻井液体系配方 …………………………………………… (84)
  5.2.2 基础性能测试 ……………………………………………………………… (84)
  5.2.3 水活度及润滑性评价 ……………………………………………………… (86)
  5.2.4 流体流型分析 ……………………………………………………………… (87)
  5.2.5 抑制性评价 ………………………………………………………………… (87)
  5.2.6 润湿性评价 ………………………………………………………………… (89)
  5.2.7 环保性评价 ………………………………………………………………… (89)
  5.2.8 井壁稳定性性能评价 ……………………………………………………… (92)

参考文献 ……………………………………………………………………………………… (93)

第1章 非常规天然气井壁稳定与钻井液

1.1 概 述

常规油气资源已经不能满足当今世界的能源需求，非常规油气资源成为油气资源增储上产的重要来源。页岩气作为重要的非常规天然气之一，储量丰富[1-2]。初步估计我国页岩气资源量可达 $25\times10^{12}\,\mathrm{m}^3$，主要分布在松辽盆地、渤海湾盆地、江汉盆地、四川盆地、柴达木盆地等地区[3-5]。目前，页岩气在中国已进入快速发展阶段，这将有效缓解我国天然气供需矛盾，有利于国家能源结构的调整，资源价值、经济价值、社会价值巨大[6-8]。近年来中国页岩气勘探开发成果喜人，如涪陵页岩气田日产量已经超过 $2.7\times10^6\,\mathrm{m}^3$，2018年全年累计生产页岩气 $60.04\times10^8\,\mathrm{m}^3$。

页岩是典型的低渗透性沉积岩，开采过程中的井壁稳定问题始终是国内外页岩气（油）勘探开发中的热点和难点。油气钻井过程中所钻遇的75%以上地层是页岩地层，而由页岩引起的井眼失稳问题占比超过90%[9-10]。据估计，井壁失稳每年给世界石油工业造成5亿美元的损失。而如何保证页岩气水平井井壁稳定性更是开发研究的难点，其中长距离水平井段更易发生井壁失稳，井眼清洁要求更高，钻具摩阻更大，对润滑性能要求更高。

页岩井壁失稳的主要原因是页岩吸水易引发膨胀、掉块等问题[11-12]，当钻井液中的水分侵入页岩时，会导致页岩孔隙水压力上升和强度降低，对井眼起支撑作用的正压力（钻井液液柱压力与井眼孔隙水压力之差）下降，从而导致井壁失稳[13-14]。

行业内普遍接受的观点是：采用活度平衡的油基钻井液可以解决页岩井壁失稳问题，这是因为油和页岩之间并不存在相互作用[15-16]。但是，基于环保和经济成本压力，如果钻井液和页岩之间的相互作用可以被最小化，水基钻井液比油基钻井液将更具应用前景，而使用水基钻井液同时不污染环境的最优选择为盐水基钻井液。维持页岩井壁稳定的两个重要参数为渗透率和膜效率[17-18]，因此需要明确盐溶液对页岩渗透率和膜效率的影响规律。同时，纳米颗粒可以封堵页岩裂缝和裂隙已经得到了学术界和工业界的认可，然而，纳米颗粒在页岩孔隙中的运动规律尚未明晰，哪些参数可以提升纳米颗粒在微纳米尺度上的封堵效果也并不明确。

本书探究不同浓度和不同类型盐溶液对页岩渗流过程、膜效率和润湿性的影响规律，结合前期纳米材料的研究成果，建立物理模型，模拟在非时间尺度上纳米颗粒封堵页岩孔隙效率，并通过数值计算验证和第三方实验验证，最终结合盐溶液抑制页岩水化实验结果和纳米材料封堵页岩模拟计算的研究成果,提出了一套可用于页岩气水平井钻井的盐水基钻井液体系作为参考。

1.2 泥页岩及煤岩特征

1.2.1 泥页岩水化特征

页岩主要有两个特征:水敏性和纳米孔隙。本节主要介绍以上两个特征的微观机理、形成原因、影响因素和分类依据。

黏土可能出现两种类型的膨胀。第一种为水化膨胀。表面水合是水分子吸附在晶体表面的一种水合现象。氢键使一层水分子保持在氧原子表面[19-21],随后的水分子层排列在单元层之间形成准晶体结构,增大层间距[22-23]。所有类型的黏土都以这种方式膨胀。

第二种为渗透性膨胀。当黏土矿物单元层之间的阳离子浓度高于周围阳离子浓度时,由于存在浓度差,水向单元层间渗透(图1.1),将单元层进一步拉伸[24-25]。渗透性膨胀导致黏土体积增大,同时增大表面水化,但只有少数黏土,如钠蒙脱石,以这种方式膨胀。

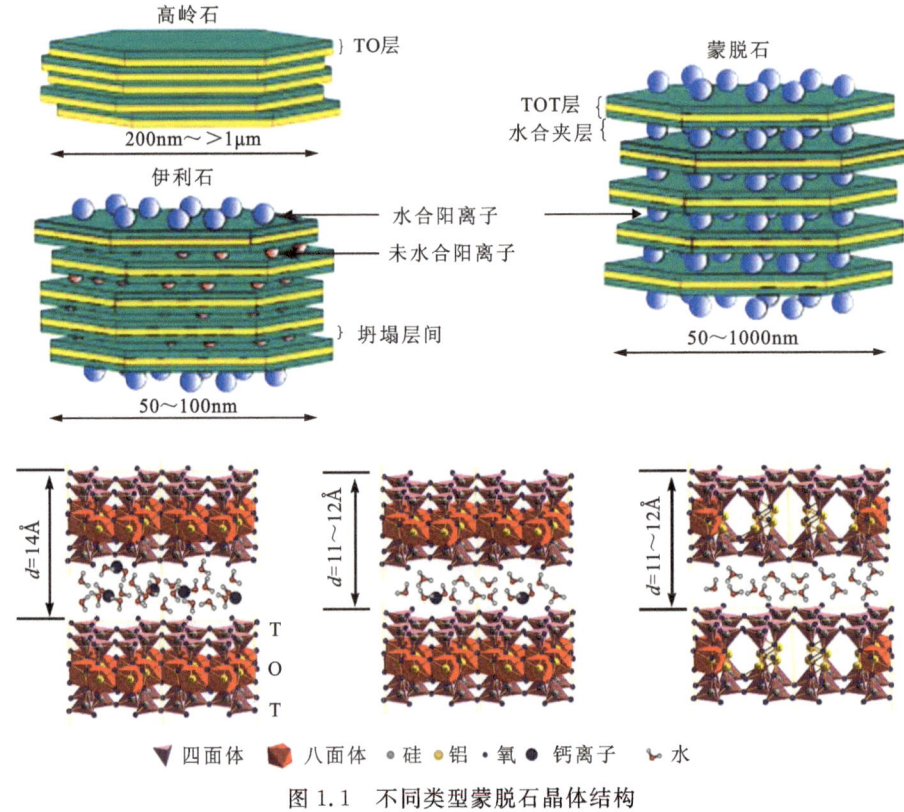

图 1.1 不同类型蒙脱石晶体结构

黏土一般由硅酸盐矿物在地表风化后形成,每层都由熔合片组成的 Al^{3+}、Mg^{2+} 或 Fe^{3+} 氧化物的八面体片和 Si^{4+} 的四面体片氧化物组成[26]。如果黏土矿物含有一个四面体片和一个八面体片,它被称为1∶1型黏土;如果黏土矿物包含两个四面体并将一个八面体夹在中间,则称为2∶1型黏土。图1.1显示了八面体和四面体结构。

黏土晶格中的金属原子可以被其他物质取代,导致单个黏土层总体带负电荷[27-28]。电位由位于层间区域的阳离子补偿,阳离子可以自由地进行交换。矿物的阳离子交换能力取决于晶体大小、pH值以及所涉及的阳离子的类型[29-30]。

影响泥页岩水化膨胀的因素可分为内在因素和外在因素两类。内在因素主要为页岩矿物组成成分以及页岩孔隙分布[31-32],外在影响因素包括岩石压实程度、温度、孔隙流体种类、浓度、pH值、作用时间、水力压差以及化学势差等[33-34]。各种外在因素的叠加导致了水化膨胀机制深入研究的复杂性[35]。

泥页岩的阳离子交换容量(CEC)、比表面积和亲水性等理化特性对泥页岩的水化膨胀影响很大[36-37]。硬脆性泥页岩中高岭石、伊利石和绿泥石等非膨胀性黏土矿物含量高[38-40],而蒙脱石等膨胀性矿物含量低,阳离子交换容量低,其水化膨胀能力较弱。软泥页岩中蒙脱石含量较高,阳离子交换容量大,易发生水化膨胀[41-42]。

为了针对不同地层研究泥页岩井壁稳定性的作用机理,国外学者将泥页岩地层进行分类,最通用的方法是依据影响泥页岩性质的6个主要因素(黏土矿物的种类、组成含量、含水量、强度、分散性、剥落坍塌趋势)将泥页岩分为五小类[43]。以此为基础,雷又层[44]依据泥页岩的组成含量、结构特点及主要理化性能指标(膨胀率、回收率、阳离子交换容量、密度)提出了一种科学的泥页岩分类方法,该方法能较为全面地反映泥页岩的性质特点,如表1.1所示。

表1.1 泥页岩分类方法

分类		分类依据		主要理化性能		
两大类	五小类	定向度/%	主要黏土矿物类型含量情况	膨胀率/%	CEC/(mmol·100^{-1}g 土)	回收率/%
软(活性)泥页岩	随机定向高膨强分散泥页岩	<10	大量S、一些I	>30	>22	<20
	弱定向易膨胀易分散泥页岩	10~30	相当量S、大量I、部分C	5~30	10~22	20~30
脆硬性泥页岩	中等定向中膨中分散泥页岩	30~60	大量S/I、大量I、一些C	14~20	2~18	30~60
	良好定向不易膨胀分散泥页岩	60~90	中等量I、大量I/S、中等量C	7~14	3~12	60~90
	高度定向低膨弱分散泥页岩	90~100	大量I、中等量K、中等量C	<5	1~8	>90

注:S:Smectite,蒙脱石简称。I:Illite,伊利石简称。K:Kaolinite,高岭石简称。C:Chlorite,绿泥石简称。

在钻井过程中,页岩状态与压力和温度有关。研究表明,页岩状态在25℃下的压力循环中可以及时逆转,但在100℃下的压力循环中不可逆。电阻率和声波传播速度的大部分变化都与这种非弹性变形有关,该变形起到减小孔隙空间的作用。页岩电阻率和声波传播速度强烈依赖于温度,其电阻率的变化是砂岩的1~2倍,声波传播速度变化至少比砂岩中的变化大5倍,页岩表面传导活化能显著高于砂岩。

通过查阅国内外文献,得到国内代表性页岩的基本参数,包括孔隙度、渗透率、各向异性、抗压强度、杨氏模量和泊松比等[45-46]。数据见表1.2。

表1.2 页岩基本参数

参数	页岩性能
总孔隙度/%	2~4
含气孔隙度/%	5~11
渗透率/μm^2	$(50\sim1000)\times10^{-9}$
渗透率各向异性比	0.2~0.31
抗压强度/MPa	250~300
杨氏模量/MPa	$>2\times10^4$
静态泊松比	<0.25

1.2.2 泥页岩纳米级孔隙特征

泥页岩储层孔隙为纳米级孔隙。全球泥页岩孔喉尺寸分布如图1.2所示。Al-Bazali等[47]发现几种页岩孔喉的平均孔径为10~30nm(0.01~0.03μm),而通常使用的钻井液处理剂,如膨润土和重晶石的颗粒直径则要大得多(100~10 000nm,即0.1~10μm)。另外,加拿大博福特-麦肯齐盆地页岩气储层纳米级孔喉直径为7~45nm,斯科舍盆地页岩气储层纳米级孔喉直径为8~17nm;美国阿帕拉契亚盆地页岩气储层纳米级孔喉直径为7~24nm,阿纳达科盆地页岩气储层纳米级孔喉直径为20~160nm,沃斯堡盆地页岩气储层纳米级孔喉直径为5~100nm。经统计发现:北美地区Barnett页岩气储层纳米级孔喉直径主体为8~100nm(图1.3)[48-50];而中国鄂尔多斯盆地延长组页岩油与四川盆地早古生代海相页岩气等储层中纳米级孔喉均丰富发育,其纳米级孔喉主体孔径为20~500nm,其中页岩气储层孔径为5~200nm,页岩油储层孔径为30~400nm[51-52]。

借助氩离子抛光与场发射扫描电子显微镜(FESEM)等观察中国多个地区泥页岩中的粒间孔、粒内孔,以及有机质孔的形状、大小等形貌学特征。结果表明,粒间孔主要呈不规则三角形,孔径在80~400nm之间;粒内孔主要是溶蚀成因孔,其形状不规则,成群发育,孔隙壁呈曲面,孔径在几十纳米到几百纳米不等;有机质孔主要呈圆形、椭圆形或不规则状,孔径一般在1μm以下,主要集中在几十纳米左右。

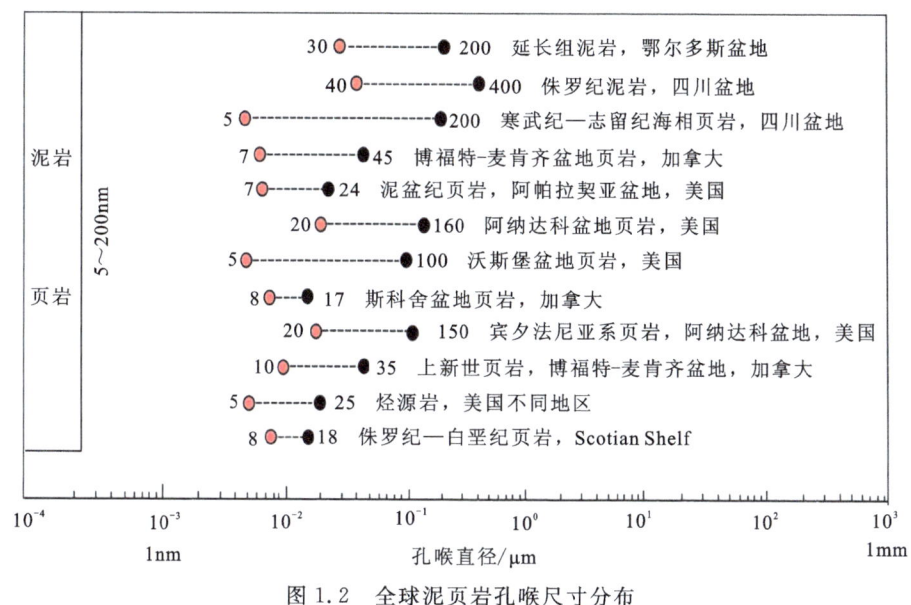

图1.2 全球泥页岩孔喉尺寸分布

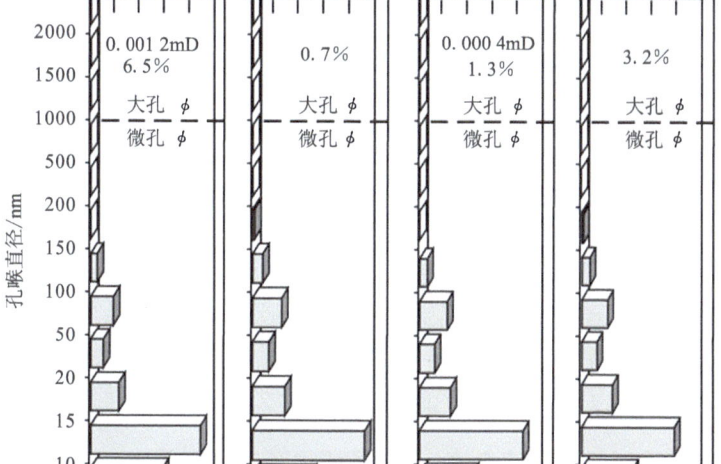

图1.3 Barnett页岩不同井深下的孔隙分布

目前商业开采的龙马溪组页岩,其储层的储集空间可分为裂缝和孔隙,其中孔隙类型包括有机孔隙和无机孔隙(包括晶间孔隙、溶蚀粒子孔隙、粒间孔隙等)。页岩孔隙通常分为微孔(<2nm)、中孔(2~50nm)和大孔(>50nm)[53]。通过FESEM观察,有机孔隙和无机孔隙均分散在页岩储集层中,但有机孔隙相对集中。有机孔隙被黏土包裹或与黏土矿物和黄铁矿混合。有机孔隙的孔径相对较小,以微孔和中孔为主;无机孔隙孔径大,以大孔为主[54]。龙马溪组页岩储层孔隙结构与四川盆地其他地层页岩储层相比差异较大,根据氮吸附-压汞法孔隙度测定分析,中国皖南二叠纪页岩储层的孔隙以大孔为主。根据不同页岩的比表面积和孔隙结构特征,随着成熟度的增加,大孔和中孔数量减少;随着有机质的生烃和热解,微孔数量增加。美国油母质页岩扫描电子显微镜(SEM)研究结果显示,二维和三维的有机孔隙孔径为4~5nm[55]。研究者分析所有样品的有机孔隙宽度分布在5~7nm之间[56]。

龙马溪组厚度大约为500m,底部为一套海侵沉积的富含笔石的黑色页岩,龙马溪组向上和向东砂质、钙质含量增加,演变为浅水陆棚沉积[57]。龙马溪组中的泥页岩主要为层状—非层状泥页岩、层状—非层状粉砂质泥页岩和富含有机质非层状泥页岩3种类型。龙马溪组与美国Barnett页岩的主要差异是含气量低和埋藏深,同时石英含量较高。其总有机碳(TOC)含量最低为0.2%,最高为6.7%,TOC与有机质孔含量存在明显的正相关性。TOC与热演化程度(R_o)是控制页岩储层微观孔隙结构的主要因素[58]。

龙马溪组泥页岩矿物成分以黏土矿物和石英为主,平均含量分别为16.6%~49.1%[59]和29.15%,其次为方解石,平均含量为5.46%,同时还含有少量的长石、白云石、黄铁矿和石膏等矿物[60]。

龙马溪组页岩的孔隙结构较复杂,主要为无规则孔结构,孔隙直径主要为纳米级,孔隙多呈开放形态,以两端开口的圆筒孔及4边开放的平行板孔等开放性孔为主,垂向上由深到浅,孔隙开放程度减小,纳米级主孔孔隙直径为2~40nm,纳米级主孔体积占孔隙总体积的88.39%,其表面积占总表面积的98.85%[54]。

等温吸附实验表明,页岩具有较强的气体吸附能力。由于页岩的致密性及抗构造破坏性,下志留统龙马溪组构造条件满足页岩气成藏要求[61]。

1.2.3 煤岩储层和孔隙特征

煤岩储层的特性,特别是其孔隙结构,与井壁稳定性有着紧密而复杂的关联,这对于煤层气的勘探与开发至关重要。

煤岩储层,作为煤层气的赋存场所,其内部孔隙结构复杂多样,包括基质孔隙系统和裂隙系统。基质孔隙广泛分布于煤的基质之中,涵盖了从微孔到宏孔等多个级别的孔隙,这些孔隙不仅为煤层气提供了存储空间,还影响着气体的运移路径。而裂隙系统则主要由内生裂隙和外生裂隙构成,它们如同煤岩储层中的"血管",对煤层气的运移和开采效率起着决定性作用。

然而,孔隙和裂隙的存在,也使得井壁稳定性面临挑战。在钻井过程中,井壁的稳定性直接关系着钻井作业的安全和效率。当钻井液的压力不足以平衡地层压力时,煤岩储层中的孔隙和裂隙就可能成为流体(如地层水、煤层气)和压力的释放通道,导致井壁失稳,出现坍塌、漏失等问题。

此外,煤岩储层的孔隙特征还影响着钻井液的渗透和滤失行为。由于煤岩储层孔隙结构复杂,钻井液在其中的渗透和滤失规律也较为复杂。如果钻井液的配方和性能不能很好地适应煤岩储层的孔隙特征,就可能导致钻井液过度滤失,进而引发井壁失稳。

因此,在煤层气勘探与开发过程中,必须充分考虑煤岩储层的孔隙特征与井壁稳定性之间的关系。一方面,需要通过地质勘探和储层评价等手段,准确掌握煤岩储层的孔隙结构特征,为钻井设计和钻井液配方提供科学依据;另一方面,还需要在钻井过程中实时监测井壁稳定性,及时调整钻井参数和钻井液配方,以确保钻井作业的安全和效率。通过优化钻井液配方,提高钻井液的封堵能力和抗滤失性能;采用先进的钻井工艺技术,如欠平衡钻井、随钻测量等,以更好地适应煤岩储层的孔隙特征;加强井壁加固和防塌措施,提高井壁的承载能力和抗坍塌能力。

1.3 页岩井壁稳定性

页岩井壁失稳的主要原因是页岩吸水引发膨胀、掉块等问题[11-12],当钻井液中的水分侵入页岩时,会导致页岩孔隙水压力上升和强度降低,对井眼起支撑作用的正压力(钻井液液柱压力与井眼孔隙水压力之差)下降,从而导致井壁失稳[13-14]。

钻井液活度的高低反映钻井液抑制性的强弱。降低钻井液的活度,可减慢钻井液中自由水通过页岩的运移速度,从而达到维持井壁稳定的目的。盐溶液可以改变钻井液活度,同时不同类型和不同浓度盐离子影响页岩膜效率以及侵入页岩中的水分含量。

纳米材料在物理尺寸上与页岩孔隙一致,可封堵页岩孔隙,减少水与页岩的接触,从而维持井壁稳定。

1.3.1 页岩井壁稳定模型

钻井液活度的高低反映钻井液抑制性的强弱。降低钻井液的活度,可减慢钻井液中自由水通过页岩的运移速度,从而达到维持井壁稳定的目的。

页岩具有极低的渗透率[$K=(0.62\sim9.02)\times10^{-4}$ mD]($1\text{mD}\approx1\times10^{-3}\ \mu m^2$),盐溶液抑制页岩水化的效果可由渗透率高低表示。目前已开发多种类型的渗透率模型和方法来解决页岩井壁稳定性问题。Ghanizadeh 等[62]提出用于测定页岩渗透率的非稳态方法,主要针对低渗透率的加拿大页岩,将钻井阶段的机械和物理化学因素(如阳离子交换容量,孔隙度和渗透率)组合在一起来分析井壁稳定性问题,并解释了渗透率变化原因。Dehghanpour 等[63]在2013 年发现盐溶液能够诱发有机页岩的微裂缝,而诱发的微裂缝增强了页岩的渗透性。过去20 年里,学者利用压力传递实验(PTT)广泛研究了页岩的膜效率。结果表明,与各种盐溶液接触的页岩的膜效率低于 10%。此外,膜效率与渗透率呈负相关,与 CEC 呈正相关。Brandt[64]在 2008 年建立了页岩物质输运和能量传输模型,提出了压力传递驱动力的概念和非平衡热动力学模型,考虑了压力势、化学势、热势。同时,Ma 和 Chen[65]提出了页岩气藏的化学-物理耦合模型,其中包括渗透压梯度的溶剂流量方程,表明渗透压与膜效率成正比。

关于钻井液-泥页岩相互作用机理研究,邱正松等[14]提出了"物化封固井壁阻缓压力传递-加强抑制水化-化学位活度平衡-合理密度有效应力支撑"的"多元协同"钻井液稳定井壁理论,该理论现场验证效果良好。王倩等[66]考虑泥页岩-钻井液体系电化学渗透产生的流体流动和离子运移,泥页岩-钻井液体系中流体流动和溶质扩散过程的非线性,流体流动和离子运移对固体变形的影响，建立了泥页岩井壁稳定流-固-化耦合模型。

1.3.2 页岩井壁失稳的解决方案

关于页岩井壁失稳的解决方案，在国外，各方观点并非完全一致。Chenevert[11]在1970年提出采用活度平衡的油基泥浆来防止井壁失稳，当钻井液活度等于页岩中水的活度时，可以防止页岩吸水膨胀。Hayatdavoudi和Apande[67]指出，最有效防止泥页岩和水之间相互接触的方法是封堵暴露的泥页岩表面。van Oort[68]认为，水和离子侵入页岩会导致近井壁页岩孔隙压力增加、强度降低，从而引起井壁失稳。压力传递实验表明，低渗透性、高黏土含量的页岩可作为渗漏的膜，膜效率通常只有1%~10%。在钻井液-页岩相互作用过程中，压力传递的速度比溶质/离子扩散速度快1~2个数量级，而后者又要比钻井液滤液的达西流快1~2个数量级。稳定页岩的有效方法包括：①增加滤液黏度（如使用糖类、甲基葡萄糖苷和聚合醇等）；②封堵孔喉（如使用架桥粒子），降低页岩渗透率；③刺激页岩孔隙水的渗透回流，使页岩去水化（如使用20% NaCl、20% KCl、10% $CaCl_2$ 等），但硅酸盐钻井液不宜用作完井液。Shinwari和Khan[69]指出，控制地层孔隙水压力和泥页岩硬度从而防止泥页岩井壁失稳最有效的处理剂是硅酸盐，而在聚乙二醇和钙基聚合物中只有添加钾盐时才能起到类似的效果，对孔隙进行暂堵一般需要几个小时。相同的观点是各方都在研制压力传递实验装置，描述不同盐溶液对于页岩井壁稳定性的影响，同时提出井壁稳定模型。Friedheim等[70]介绍了常用于研究钻井液-泥页岩相互作用的测试技术与仪器，美国塔尔萨大学TUDRP课题组近几年在钻井液与泥页岩地层孔隙流体相互作用的建模和描述，钻进页岩时的最优含盐度窗口确定，基于井壁稳定分析的化学势诱导的孔隙-弹性模型的建立等方面取得较好的研究成果[71-72]。当低固相钻井液（LCM）中封堵材料贴近井壁时，由于固相颗粒尺寸大于储层孔隙直径，钻井液还是可以通过固相颗粒间的孔隙进入储层，并损伤地层；但是，纳米颗粒钻井液（NPs）中的纳米级封堵材料能够在贴近井壁的同时，顺利进入储层孔隙，完全封堵储层孔隙，并防止钻井液持续进入地层，对地层造成损伤（图1.4）。

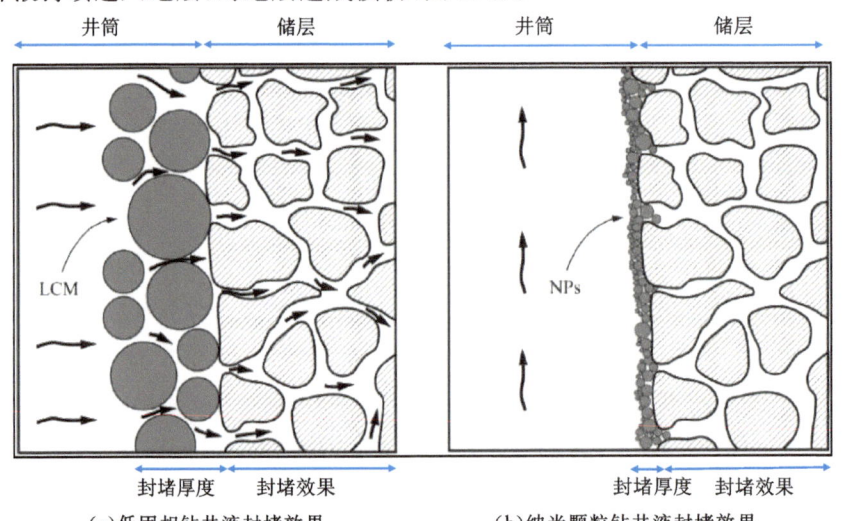

图1.4 常规钻井液与纳米钻井液封堵泥页岩储层效果对比示意图

1.4 煤层气井壁稳定性

在煤层气开采过程中,井壁稳定性是一个至关重要的因素。它不仅关系到钻井作业的安全性和效率,还直接影响煤层气的有效开采和储层保护。

1. 地应力与井壁应力状态

煤层气井壁在地应力作用下,会受到来自地层各个方向的压应力、拉应力和剪应力的作用。这些应力的分布和大小取决于地层的构造、岩性、埋藏深度等因素。当井壁受到的应力超过煤岩的抗压、抗拉和抗剪强度时,井壁就会发生破坏,导致井眼坍塌。在煤层气开采过程中,由于煤岩的强度和割理发育程度较低,井壁更容易受到地应力的影响而发生破坏。特别是在多分支水平井中,由于井眼轨迹复杂、应力状态多变,井壁失稳的风险更高。

2. 岩石强度与井壁稳定性

岩石强度是决定井壁稳定性的重要因素之一。煤层气储层的岩石强度通常较低,且存在大量的孔隙和裂缝。这些孔隙和裂缝在钻井液的作用下容易发生膨胀并被渗透,导致井壁失稳。岩石强度不仅与岩石的结构、成分有关,还易受钻井液的影响。当钻井液侵入煤层后,容易与煤岩发生物理化学作用,改变岩石的强度。例如,钻井液中的水分会促进煤岩的膨胀,降低其抗压强度;而钻井液中的化学物质则可能与煤岩发生反应,生成新的矿物相,进一步影响岩石的强度。

3. 裂纹扩展与井壁失稳

煤层中存在大量的微裂纹和割理,这些微裂纹在钻井过程中容易扩展,导致井壁失稳。裂纹的扩展与井壁应力状态、钻井液性质以及煤层特性等因素密切相关。从断裂力学的角度来看,裂纹的扩展是井壁失稳的主要原因之一。当裂纹尖端受到的应力超过岩石的断裂韧度时,裂纹就会进一步扩展。这种扩展不仅会导致井壁破坏,还会影响煤层的渗透性和储气能力。

4. 钻井液性质与井壁稳定性

钻井液的性质对井壁稳定性具有重要影响。钻井液的密度、黏度、滤失量等特性都会直接影响井壁的稳定性。

密度:钻井液的密度过大会增加井壁的压力,导致井壁失稳。特别是在煤层气开采过程中,由于煤岩的强度较低,过大的钻井液密度更容易引发井壁破坏。

黏度:钻井液的黏度过大会降低其渗透性,加剧井壁失稳的风险。黏度适中的钻井液能够更好地控制井壁渗透,保持井壁稳定。

滤失量:钻井液的滤失量过大会导致井壁岩石吸水膨胀,降低岩石强度,从而引发井壁失稳。因此,需要选择具有低滤失量的钻井液来保持井壁稳定。

钻井液在钻井过程中容易侵入煤层,与煤岩发生物理化学作用,导致煤岩膨胀。煤岩膨胀会改变井壁的应力状态,增加井壁失稳的风险。钻井液中的水分和化学物质是引发煤岩膨胀的主要因素。钻井液中的水分会促进煤岩中的黏土矿物水化膨胀,而化学物质则可能与煤岩中的有机质发生反应,生成新的膨胀性物质。这些膨胀性物质会进一步加剧井壁失稳。

1.4.1 煤层气井壁稳定模型

如何保持煤层气井壁稳定性是煤层气开采过程中的关键问题,涉及复杂的力学和钻井液作用机制。为了理解和预测井壁稳定性,研究人员开发了多种力学模型,这些模型综合考虑了煤层的地质特性、地应力状态、钻井液性质以及钻井工艺参数等因素。

1. 应力-渗流耦合模型

煤层气井壁稳定性模型中最重要的是应力-渗流耦合模型。该模型考虑了煤岩的力学行为与钻井液滤液侵入之间的相互作用。由于煤岩具有低强度、高脆性、各向异性及显著非均质性等特点,钻井过程中井壁容易坍塌失稳。研究人员综合考虑煤岩受力变形、损伤破坏与钻井液滤液侵入等多因素耦合条件,建立了基于应力-渗流耦合的煤层井壁稳定性数值分析模型。该模型采用弹性-应变软化-塑性模型表征煤岩的力学行为,能够更准确地预测井壁稳定性。

在应力-渗流耦合模型中,井壁稳定性受到多种力学因素的影响,包括地应力、井眼直径、钻井液压力等。当井眼直径过大或过小,井壁会受到较大的剪切应力,容易导致井壁剪切破坏和坍塌。此外,钻井液压力的变化也会影响井壁稳定性。钻井液压力过高,会增加井壁岩石的破裂压力,导致井漏;钻井液压力过低,则无法有效支撑井壁围岩,造成剪切破坏。

2. 井壁失稳机理分析

井壁失稳的根本原因是煤岩原始的应力平衡状态被打破。钻井过程中,井壁周围煤岩的应力状态发生改变,被钻掉的煤岩所承受的应力转移到井壁处煤岩上,造成应力集中。当井壁处煤岩不足以承受这个应力时,井壁将发生坍塌。

井壁失稳包括岩体力学失稳和化学失稳两种类型。岩体力学失稳主要发生在地层不产流体的情况下,此时井壁稳定性主要取决于围岩强度是否足以支撑井壁保持稳定。化学失稳则与钻井液侵入煤层后引发的黏土膨胀、水敏性反应等有关。这些化学反应会改变岩石的力学性质,降低岩石强度,从而增加井壁失稳的风险。

1.4.2 煤层气井壁失稳的解决方案

针对煤层气井壁失稳的问题,研究人员提出了多种解决方案,这些方案主要围绕优化钻井液性能和提高井壁强度等方面展开。

(1)优化钻井液性能。钻井液在维持煤层气井壁稳定性中起着至关重要的作用。优化钻井液性能是解决井壁失稳问题的关键措施之一,主要包括以下几个方面。

选择合适的钻井液类型:根据煤层的特性和钻井工艺的要求,选择合适的钻井液类型。对于水敏性强的煤层,应选用具有抑制黏土膨胀能力的钻井液;对于渗透率较低的煤层,应选用具有低滤失量的钻井液。

调整钻井液密度:钻井液密度过大会增加井壁压力,导致井壁失稳;密度过小则无法有效支撑井壁围岩。因此,需要根据实际情况调整钻井液密度,使钻井液既能保证井壁稳定,又能满足钻井工艺的要求。

添加化学抑制剂:在钻井液中添加化学抑制剂,如黏土抑制剂、防膨剂等,可以降低煤岩的膨胀性和水敏性,提高井壁稳定性。

(2)提高井壁强度。提高井壁强度是解决井壁失稳问题的另一种有效方法,可以通过采用下套管和水泥胶结等方式来实现。

下套管:在井壁周围下入套管,可以保护井壁不受钻井液和地层流体的侵蚀,提高井壁强度。对于径向井等孔径较小的井眼,下套管尤为重要。

水泥胶结:在套管与井壁之间注入水泥浆,使套管与井壁紧密胶结在一起,形成坚固的井壁结构。水泥胶结不仅可以提高井壁强度,还可以防止钻井液滤液侵入地层,降低井壁失稳的风险。

1.5 钻井液化学抑制维持井壁稳定现状

通过查阅目前已开发的页岩气水平井相关资料,总结页岩气水平井的地理位置、矿物成分以及所应用的配方。了解目前国内外页岩气水平井的基本信息,为后期钻井液配方的研制提供依据和参考。以下为文献调研后总结的配方信息。

在北美地区的页岩油气开发过程中,使用油基钻井液的占比约为70%,使用水基钻井液的占比约为30%。直井段对钻井液体系没有特殊要求,主要采用水基钻井液进行钻进,水平段则主要选用油基钻井液体系,如表1.3所示。

使用较多的水基钻井液体系有硅酸钾基体系和PERFORMAX体系,分别由Chevron公司和Baker Hughes公司开发。其次是Halliburton公司开发的HYDRO-GUADR™高性能水基钻井液体系,为聚胺盐和铝酸络合物体系,在Haynesville、Fayetteville、Barnett等盆地都有很好的应用效果。Newpark公司开发的Evolution体系,具有环保特性,现场水平段实验超过2000m。M-ISwaco公司开发的ULTRADRIL系列水基钻井液体系,主要采用胺基聚合物体系。

表1.3 国外采用的钻井液体系

页岩盆地/ 页岩气开发公司	所用钻井液	密度/ ($g \cdot cm^{-3}$)
Barnett[①]	水基钻井液,油基钻井液/盐水	<1.20
Haynesville[①]	造斜点以上使用水基钻井液,以下使用油基钻井液	1.44~1.98
Marcellus[①]	造斜点以上使用充气钻井液,以下使用水基钻井液或合成基钻井液	1.38~1.68
Eagle Ford[①]	造斜点以上使用无机盐水,以下使用油基钻井液	1.32~1.44
Halliburton[②]	水基钻井液,聚胺盐和铝酸络合物	<1.20

续表 1.3

页岩盆地/ 页岩气开发公司	所用钻井液	密度/ $(g \cdot cm^{-3})$
Newpark[②]	环保型高性能水基钻井液	<1.20
M-ISwaco[②]	油基钻井液76%,水基钻井液19%	1.38~1.68

注:①为页岩盆地,②为页岩气开发公司。

为解决水基钻井液维持页岩气水平井井壁失稳问题,国内也开发了一批油基和水基钻井液体系。刘敬平等[73]以磺化沥青钾盐和多碳醇为基础研制了一套水基钻井液体系,与常规水基钻井液体系相比,该体系能有效减缓页岩抗压强度的降低,对页岩裂缝具有较强的封堵性。

1.5.1　国外页岩气水平井钻井液技术

国外油基钻井液经历了从使用到逐渐被替代的发展历程[17,74]。油基钻井液体系具有超高的温度稳定性、润滑性和孔稳定性,因此目前应用的钻井液体系多为油基钻井液体系。Mody 等[75]提出页岩钻井稳定性模型,该模型允许用户确定最佳钻井参数(如泥浆重量和盐浓度),以解决与油基或水基钻井液系统相关的井眼稳定性问题。基于钻井液和页岩的水摩尔自由能差异,同时结合热力学化学诱导的应力变化与机械诱导的应力变化,通过使用多孔弹性理论框架来耦合势能,形成井眼稳定性模型的物理化学基础。Bol 等[76]发现,只有同时考虑岩石力学、页岩水化和流体输送等多方面因素,才能正确理解钻井液与页岩相互作用,他们讨论了与页岩稳定性相关的因素,包括孔隙压力渗透(由高泥浆重量引起的孔隙压力的逐渐增加)、毛细管阈值压力、压缩和拉伸破坏、破裂后稳定化、水合应力、抑制和渗透现象。Lal[77]也提出需要研究页岩稳定性机理,他研究了页岩与钻井液之间的毛细管压力、渗透、水力、膨胀和压力扩散等问题。

油的价格相对于水的价格要高出上千倍,而钻井过程中会使用大量的钻井液,其成本差异巨大[78-79]。虽然在钻井完成后,会对油基钻井液进行回收,但其滤失量也是巨大的[80]。另一个显著的问题是,钻井过程中会产生大量的废水。Lutz 等[81]研究了 Marcellus 页岩,这是迄今为止美国最大的页岩气资源,研究人员根据位于宾夕法尼亚州各地的 2189 口井的数据量化天然气和废水产量,发现自 2004 年以来,开发 Marcellus 页岩使该地区产生的废水总量增加了约 570%。如果使用油基钻井液,由于溶液中含有油,废水不能被归类为盐水,处理难度更大。

通常情况下,油基钻井液配方需要在泵送井下之前调节完毕。此外,全封闭的泥浆处理系统对油基钻井液的应用至关重要。因此,需要确保没有因泥浆丢失或溢出而造成环境污染[82-83]。环境问题可能是最重要的驱使水基泥浆替代油基泥浆的原因,尤其是柴油泥浆。柴油对多种生物体而言具有毒性,该特性促进了矿物油泥浆的发展。早在 20 世纪 80 年代,Baroid 发明了改性植物油泥浆,但后者比柴油或矿物油贵得多[84]。

国外首先提出使用水基钻井液替代油基钻井液。Patel 等[80]讨论了高性能水基钻井液的系统设计和开发,并深入探讨了各种胺类抑制剂的独特化学特性和抑制特性。同时,与现有的抑制系统相比,他们在实验室中评价了钻井液体系的性能。但是在钻探高度复杂和反应性页岩地层时,水基钻井液不能完全抑制高度水敏性黏土的水合作用。针对水基钻井液不能完全抑制页岩水化的问题,Schlemmer 等[85]详细介绍了页岩化学渗透和膜效率的概念,同时发明了一种测量页岩渗透能力的工具。Tan 等[86]通过压力传递-化学势测试,筛选各种新型化合物,提高页岩膜效率,同时开发具有高膜效率的新型环保水基钻井液,以满足石油工业的未来需求。Amanullah 等[87]提出智能流体的概念,其核心思路为在流体中添加有特定功能的纳米材料,同时详细介绍了新兴纳米颗粒添加剂在石油和天然气领域应用的智能流体设计中可能存在的优势,特别是针对新一代钻井、完井、增产和压裂等流体,为后来纳米材料和纳米科技在石油领域的广泛研究应用奠定了基础。

1.5.2 国内页岩气水平井钻井液技术

国内页岩气水平井钻井液技术的理论基础主要来自国外,但通过总结在实际钻井过程中遇到的问题和积累的经验,我们也开发了自己的钻井液体系。接下来主要介绍在页岩气井中所采用的钻井液技术(表1.4)。

表1.4 国内采用的钻井液体系

页岩盆地/典型井	钻井液体系	特点
四川盆地威远威201-H1井	油基钻井液	水平段1079m
河南泌阳盆地	水基钻井液	聚胺抑制剂,水平段应用,并非长水平段
新页HF-1井	水基钻井液	良好的封堵性、润滑性和流变性能,水平段不足500m
东平1井	油基钻井液	润滑性好、强抑制,水平段不足1000m
四川盆地,长宁-威远区块	CQH-M1水基钻井液	井温130℃,水平段1500m以上
四川盆地,长宁-威远区块	DRHPW-1盐水基钻井液	盐溶液,润滑剂,微/纳米材料,水平段1670m,浸泡40d

河南油田第一口页岩油气勘探水平井泌页HF1井,位于河南油田泌阳凹陷深凹区,主要目的层为古近系核桃园组核三段[88]。泌页HF1井斜井段EH3Ⅱ、EH3Ⅲ地层以泥页岩为主,黏土矿物含量高,裂隙发育,使用的钻井液体系为强抑制强封堵水基钻井液。

页岩矿物成分:EH3Ⅰ段地层(1853~2056m)黏土矿物含量为36%,其中伊利石相对含量为40%,伊蒙混层相对含量为38%,蒙脱石相对含量为22%[89],易水化膨胀,造浆性强,要求钻井液具有极强的抑制性(表1.5)。2056~2308m 和 2308~2663m 段黏土矿物含量为10%~30%,其中伊利石相对含量高达80%以上[90]。

配方:4%膨润土+0.3%纯碱+0.3%PMAH-Ⅱ+0.3%CP-1+0.2%NH-1+2%SFT+2%SFT-120+2%CAG+3%SL-1+1%RT-1+0.6%OSAM-K+2%CSMP+2%SPNH+0.5%降黏剂GF-2+8%白油+1%ZRH-1[91]。

表1.5 粉状沥青优选及与膏状沥青的复配

配方	FL_{API}/mL	FL_{HTHP}/mL
基浆	16	28
基浆+2%SFT	11	20
基浆+2%SFT-120	10	22
基浆+2%CAG	10	20
基浆+2%SFT+2%SFT-120+2%CAG	7	17

基本性能如表1.6所示。

表1.6 泌页HF1井钻井液高温前后性能对比

	FV/s	PV/(mPa·s)	YP/Pa	YP/PV/(Pa·mPa^{-1}·s^{-1})	φ_6/φ_3/(Pa·Pa^{-1})	FL_{API}/mL	FL_{HTHP}/mL	K_f
滚前	45	23	10.0	0.43	3/8	4.0	9	0.0787
滚后	48	26	10.5	0.40	4/11	4.5	10	0.787

注:热滚条件为120℃、16h,室温测性能,样品为泌页HF1井井深2701m处钻井液。

重庆涪陵FY2-2HF井,二开使用空气钻井钻进至1773m后转化为油基钻井液,三开继续使用油基钻井液。三开井段将钻井液密度提高后,针对三开井段井眼小、环空小的实际情况[14],在钻进过程中采用细水长流的方法补充柴油和乳化润湿封堵剂,同时为了保持密度不下降,按循环周缓慢均匀加入重晶石粉维持钻井液密度,避免钻井液结构强、密度不均导致的高泵压风险,也可以减轻钻井液对井下定向信号传输的影响[92]。

重庆彭页2HF井,位于上扬子盆地武陵褶皱带彭水德江褶皱带桑柘坪向斜构造[16]。彭页2HF井完钻井深3990m,锤深2393.02m,水平段长1650m,水平位移1932.84m,最大井斜86.5°。

矿物成分:该区龙马溪组页岩中黏土矿物含量平均约为30%,黏土矿物中伊蒙混合层含量为30%左右。配方:0#柴油+20%CaCl$_2$盐水(25%,w/w)+1.8%有机土+1.5%主乳化剂+1.0%辅乳化剂+0.5%润湿剂+2%CaO+2%降滤失剂+0.3%流型调节剂+3%～6%封堵剂[93]。三开施工期间,油基钻井液工艺技术解决了井下掉块、固相侵入、长水平段携砂等技术难题,成功应用了油基钻井液随钻堵漏、长水平段清扫液段塞携砂等工艺技术[94]。施工期间油基钻井液体系稳定性、防塌性和润滑性等都得到了很好的控制。

现场应用表明钻井液体系性能稳定,具有显著的低黏度、高切力特征,携砂性能良好,复合钻进、滑动钻井与接立柱前循环时的返砂量明显不同,井下没有岩屑床生成。体系滤失量低,封堵防塌能力强,产生掉块是由井身轨迹调整引起的,通过稠浆清扫措施可将掉块顺利携带出井筒,从而保持井壁稳定。

彭页2HF井三开共钻遇漏层13处,其中中型漏失6处、渗透性漏失4处,进行堵漏施工

14次,均实现对漏层的一次性有效封堵。分析以上数据可知,国内页岩气水平井现场所使用的钻井液体系仍以油基钻井液为主,间歇性以水基钻井液作为补充,因为首次开采强调安全高效。但是随着国内页岩气水平井开发水平的提高,环境安全和经济效果会成为主要考量因素,因此水基钻井液的使用率会逐渐提升。

1.5.3 盐水基钻井液技术

国内页岩气开采也有以水基钻井液作为主体的案例。其中效果最好的水基钻井液配方为中国石油集团钻井工程技术研究院有限公司研制的DRHPW-1高性能水基钻井液体系,基本配方为:1%~2%膨润土浆+0.2%~1%流型调节剂+2%~4%降滤失剂+2%~3%成膜降滤失剂+2%~4%微/纳米封堵剂+2%~5%抑制剂+3%~5%复合无机盐+2%~5%高效液体润滑剂+1%~2%复合固体润滑剂+0.2%~0.5%分散剂+重晶石(表1.7)。

DRHPW-1体系具有强抑制性和封堵性、高润滑性和热稳定性,整体性能可达到油基钻井液水平,首次应用在邵通页岩气井,并创造了钻井周期37.17d的新纪录[95]。

表1.7 DRHPW-1水基钻井液体系性能

钻井液体系	100℃/16h	AV /(mPa·s)	PV /(mPa·s)	YP /Pa	Gel/ (Pa·Pa^{-1})	FL$_{API}$/ FL$_{HTHP}$/ (mL·mL^{-1})
DRHPW-1	老化前	79.5	60	19.5	4/7	0.6/—
	老化后	83	68	15	3.5/7	0.6/4

1.6 纳米材料物理封堵维持井壁稳定现状

纳米材料是指至少有1个维度处于纳米尺度范围(1~100nm)的材料。含有各种纳米材料的纳米流体-纳米级胶体悬浮液具有独特的性质,在能源、化妆品、航空航天和生物医学等行业有着前所未有的潜力[96-99]。由于纳米材料独特的物理化学性质,纳米颗粒被视为智能钻井液配方中的理想候选材料,可获得具有"量身定制"的流变和过滤性质的流体。然而,由于适应新技术的巨大风险,它们在石油和天然气工业中的应用尚未完全实施[87,100]。过去几年中,研究人员研究了各种纳米颗粒,从商业颗粒到定制颗粒,用以配制性能增强的钻井液,可以适用于极端的井下环境,特别是在高压和高温(HP/HT)条件下。

近年来在钻井液中将纳米颗粒作为添加剂,以便为流体提供最佳的流变和滤失特性,从而增加页岩稳定性。纳米颗粒的类型、大小、形状、体积浓度,表面活性剂的种类、添加量和外部磁场的应用是需要严格评估的因素[101-103]。研究结果表明,纳米颗粒在用作钻井液添加剂方面具有很大的潜力,有助于克服严峻的钻井问题[104-106]。然而,在充分利用纳米颗粒的过程中,仍然存在很多挑战,如颗粒稳定性问题和费用问题。未来研究应该集中在界面现象和纳米颗粒与其他钻井液添加剂之间的相互作用模式方面,以便研究人员能够更好地理解添加纳米材料使得钻井液性能提高的原理,从而优化和提升纳米颗粒维持井壁稳定的效果。

在钻井过程中,当钻进渗透性地层时,由于钻井液的液柱压力大于地层孔隙压力,在压差作用下,钻井液中的自由水通过井壁渗入地层并在井壁上形成滤饼,原则上要求钻井液失水量越小越好。降滤失剂是控制钻井液失水量的外加剂,其作用是通过在井壁上形成低渗透率、柔韧、薄而致密的滤饼,尽可能降低钻井液的滤失量。降滤失剂性能的好坏在很大程度上决定了油气井能否顺利开采,因此对降滤失剂的研究是目前的热点研究问题之一[107]。降滤失剂通过以下机理发挥作用:封堵泥饼中的毛细孔道,使其光滑而致密;增加泥饼负电荷数量,从而产生强有力的极化水层;吸附于黏土晶体颗粒侧面,形成桥联,缩小其毛细孔径等[108]。而纳米材料作为架桥剂可以很好地封堵泥饼的毛细孔道,达到降滤失的目的,提高井壁稳定性[12]。

对于微米级裂缝地层,只能采用表面活性可控的纳米材料体系,以达到其他大尺寸封堵材料无法实现的效果。可以利用纳米材料的吸附效应,在纳米级孔喉中形成架桥封堵,有效堵水并且易于反排,同时能够有效保护油气层[109]。总之,纳米材料对特定的地层能够起到较好的调剖堵水效果,是重点发展的调剖堵水材料[69]。

页岩极低的渗透率和极小的孔喉使得传统的钻井液降滤失剂无法形成泥饼,不能阻止水分侵入。因此,只有纳米材料(粒径在1~100nm之间)才有可能封堵页岩孔喉,纳米材料将有可能是未来30年内开采化石能源的"规则改变者"[110-114]。在油气行业中,最有可能大规模使用纳米材料的领域是钻井液领域,其次是油气藏工程和地层评价领域[87,115]。

纳米颗粒具有显著的吸附效果,与常规微米级添加剂相比,在纳米级孔隙或喉道中可以达到较好的封堵效果[116-118],有效阻隔水分,且易于排放,保护储层[119-120]。Sharma等[121]开发了一种基于SiO_2纳米颗粒的泥浆,可以显著降低钻井和加工成本,并提供显著的环境效益。Wagle等[122]使用新型纳米颗粒配制抗乳化液泥浆。使用廉价的未改性和市售的SiO_2纳米颗粒可以配制水基泥浆,这些泥浆可以显著阻碍水侵入页岩[123-124]。

1.6.1 纳米SiO_2的作用机理

在纳米SiO_2加入钻井液改善钻井液性能方面,研究人员已经做了大量工作。本小节主要介绍前人所取得的相关成果。

研究发现,当使用加入10wt%纳米颗粒的泥浆时,页岩渗透性大幅降低。当选用膨润土泥浆时,阿托卡页岩的渗透率降低率从57.72%升至99.33%;对于低固相泥浆,阿托卡页岩的渗透率降低率从45.67%升至87.63%(图1.5)。与基浆相比,NP泥浆具有较高的

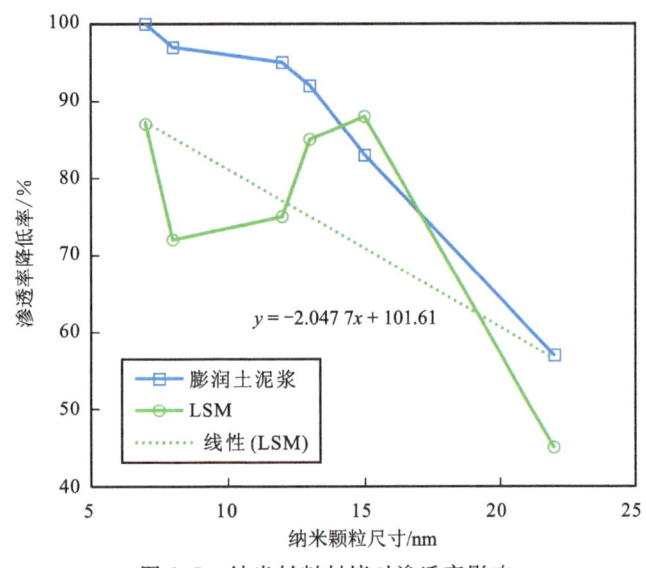

图 1.5 纳米材料封堵对渗透率影响

塑性黏度、更小的剪切应力和失水量。当纳米颗粒粒径为 7~15nm，浓度为 10wt%时，阿托卡页岩渗透性降低效果最显著。

根据实验结果，可以预见含有纳米 SiO_2 颗粒的水基钻井液的滤失量会减小。较少的水侵入会缓解井壁失稳问题，并可能使得水基钻井液适合长段水平分支井段[125]。

目前，钻井液已不仅仅用于保证井壁稳定与安全钻进，有时还会扮演保护油气层储层的角色[78,126-127]。袁丽等[128]研制的一种纳米 SiO_2 处理剂应用到钻井液中可达到较强的抑制性、稳定性、润滑性、抗高温性能以及保护油气储层的效果，纳米 SiO_2 处理剂在钻井液中的主要作用机理如下。

（1）表面吸附机理：纳米材料由于本身具有小尺寸效应及高比表面积[129-131]，因而与其他物质（如岩土颗粒等）发生吸附反应的概率更大，程度更高。

（2）抑制黏土运移机理：纳米 SiO_2 分散剂是一种水基分散液体系（均匀分散），所使用的分散剂为阳离子或非离子表面活性剂。当纳米材料处理剂与黏土颗粒接触时，起活性作用的阳离子或非离子表面活性剂中的亲水基团均可吸附在黏土颗粒表面[132-133]，中和其表面负电性，并可排斥具有较厚水化膜的层间阳离子[134-135]。

（3）膜形成机理：纳米 SiO_2 分散剂已经优先吸附在井壁上，由于表面活性剂在井壁处的吸附作用[136]，分散剂中的有机质在井壁围岩处容易发生聚集并形成带，继而在井壁上形成一层隔膜（可由大量的室内滚动回收实验所获得的岩屑照片观察证实）[104,137-138]，极大地阻止水分的侵入，从而可以有效阻碍黏土颗粒运移，较好地保持井壁稳定并保护储层。纳米材料分散剂在低孔低渗油气藏中（泥页岩或致密砂岩）的应用效果更加突出。

（4）变形挤入及粒度匹配机理[54]：纳米 SiO_2 颗粒粒度极小（1~100nm），非常容易挤入纳米级的孔喉中，然后在孔喉中形成有效的架桥封堵[139]。而且纳米材料粉末或者纳米材料分散液的颗粒粒度基本上与低孔低渗页岩的一般孔隙尺寸相匹配[140]，所以以纳米颗粒为架桥剂，其封堵效果较好。

（5）易返排机理：目前，常用的纳米 SiO_2 分散剂多是水基分散液，所以不存在分散液封堵储层孔喉的风险[141-142]，完井后通过返排能够清除残留在储层的分散液[143-145]。并且，由于纳米 SiO_2 处理剂具有极佳的润滑性[146-147]，与储层孔喉的摩擦系数较低，因而极易清除。

1.6.2　纳米 SiO_2 配伍性及稳定性

泥页岩地层井壁失稳的主要原因是泥页岩吸水后发生膨胀和掉块。针对这种情况，使用纳米 SiO_2 封堵泥页岩纳米级孔喉，降低泥页岩渗透率从而减缓水分侵蚀。在前期研究基础上，通过透射电子显微镜分析、钻井液常规性能测试和扫描电子显微镜分析等手段，评价不同温度下纳米 SiO_2 对钻井液滤失性的改善效果。具体实验方法如下：使用 CM12/STEM 透射电子显微镜观察分散液中纳米 SiO_2 颗粒的形态以及尺寸。按照配方配制 FWM、BM 和 LSM 3 种基浆。使用 OFITE 滚子加热炉进行热滚（~160 ℃），冷却后测试钻井液失水量。"FWM+水（NP-A）"表示在 FWM 基浆中加入与 NP-A 分散液中相应等量的水；"FWM+水（NP-B）"表示在 FWM 基浆中加入与 NP-B 分散液中相应等量的水，在 BM 和 LSM 钻井液体系中亦相同。

由实验可知,室温下,纳米 SiO_2 可以有效降低 FWM 和 BM 的失水量,降低幅度最高可达 56.25%。升温过程中,加入纳米 SiO_2 的 FWM 和 BM 基浆的降滤失幅度一直保持在较高水平,最高可达 78%,原因是纳米 SiO_2 可使在滤纸表面形成的滤饼更加连续而致密。但是纳米 SiO_2 对 LSM 的降滤失效果一般,这是因为纳米 SiO_2 在增强钻井液的封堵能力时需要与膨润土浓度较高的体系配伍,纳米 SiO_2 浓度为 10wt% 时比 5wt% 具有更好的封堵效果。对于储层钻进而言,可考虑将纳米 SiO_2 替换成纳米碳酸钙进行暂时封堵,以保护储层。

由图 1.6 可知,纳米 SiO_2 很好地分散在水基钻井液中,可维持水基钻井液稳定[148-149]。

图 1.6　纳米 SiO_2 钻井液体系稳定性实验

1.6.3　纳米颗粒封堵页岩孔隙现状

纳米材料由于其独特的表面效应、小尺寸效应、量子尺寸效应和宏观量子隧道效应等,近年来在钻井液中的应用越来越广泛。

在国内,先后报道了利用蒙脱土-聚合物纳米复合材料[150]、纳米乳液[128]、纳米膨润土[151]、纳米复合型聚合物/蒙脱土[152]、纳米成膜剂[153]、纳米润滑乳化剂[154]、成膜强抑制纳米封堵钻井液对页岩孔隙进行封堵[155],且现场应用效果良好。Li 等[156]在基浆里加入 3% 的纳米材料(粒径为 100~400nm)后,与平均孔喉为 24~400nm 的页岩接触时,发现纳米材料有助于快速形成隔离膜,改善泥饼的封堵效果并降低泥饼渗透率,现场应用效果良好。

在国外,在基浆里添加浓度为 3wt%、粒径为 40~130nm 的纳米 SiO_2 材料,有助于形成更加连续和致密的泥饼(泥饼厚度降低幅度为 34%),从而可以减少漏失并防止压差卡钻[157]。Hoelscher 等[158]发现适当的表面处理对纳米 SiO_2 材料封堵页岩孔喉的性能有较大的改善。当纳米材料的添加量为 3% 时,在"海水—纳米 SiO_2 钻井液—海水"的三步骤压力传递实验中,Marcellus 页岩的渗透率依次是 0.153nD、0.004 2nD 和 0.013nD(Marcellus 页岩渗透率降低的幅度为 98%),且这种封堵具有可持续性。在油基钻井液中添加纳米材料后 API 中压滤失量降低幅度为 70%,而使用传统的堵漏材料时 API 中压滤失量降低幅度只有 9%[159-160]。Sharma 等[121]提出了一套含有纳米 SiO_2 材料(粒径为 20nm)的水基钻井液体系,在"海水—纳米 SiO_2 钻井液—海水"的三步骤压力传递实验中,Mancos 页岩渗透率依次是 0.153nD、0.004 2nD 和 0.003 5nD,说明纳米 SiO_2 可以封堵页岩裂缝和孔喉,从而阻止水分侵蚀 Mancos 页岩,而且这种物理封堵是长久的和可持续的。

研究人员将非改性纳米 SiO_2 材料添加在膨润土和低固相泥浆中,进行页岩压力传递实验,研究纳米颗粒减缓水侵入 Atoka 页岩的情况。研究发现,优选的 5 种非改性纳米 SiO_2 材料(粒径在 7~22nm 之间、质量浓度不低于 10%)可以有效降低页岩渗透性,从而减缓水的侵入;使用膨润土泥浆时,纳米颗粒使 Atoka 页岩渗透率降低率维持在 57.72%~99.33% 之间;而使用低固相泥浆时,纳米颗粒使 Atoka 页岩渗透率降低率维持在 45.67%~87.63% 之间。综上所述,纳米 SiO_2 的加入有助于形成更加连续而致密的泥饼,降滤失效果良好[123]。统计数据显示,在 2006—2017 年,有关纳米材料在油田化学中的应用的文章逐年增加,实验相关文章的增加量尤为突出,理论文章数量有一定增加,但增加量有限(图 1.7)[161]。

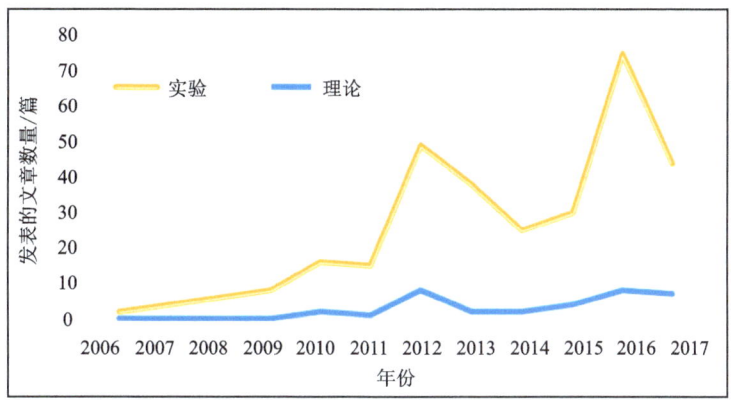

图 1.7 石油领域纳米材料应用相关文章数量统计

第 2 章　页岩、煤岩物性特征和纳米材料封堵性能评价

掌握页岩、煤岩的物理及化学特性,可以更好地从机理角度分析页岩水化特性、煤岩割理特征,以及纳米颗粒封堵页岩、煤岩孔隙特性。现场采集重庆页岩和山西煤岩,分析页岩、煤岩矿物组成成分及其形貌特征。依据前期实验筛选纳米材料,进行纳米材料封堵实验,从压力传递过程及其微观结构分析等方面,研究纳米材料封堵岩石孔隙机理。

2.1　页岩物性特征

为获取龙马溪组页岩,共在野外采样 3 次,采样地点分别为重庆秀山土家族苗族自治县、石柱土家族自治县和彭水苗族土家族自治县(采集的页岩分别称秀山页岩、石柱页岩、彭水页岩)。秀山页岩采集完成后由汽车运输,石柱页岩和彭水页岩采集完成后通过铁路运输。页岩采集地照片和采取页岩照片如图 2.1 和图 2.2 所示。

图 2.1　秀山及石柱页岩实地取样照片

第 2 章 页岩、煤岩物性特征和纳米材料封堵性能评价

图 2.2 彭水龙马溪组页岩现场采集照

秀山页岩采集地位于北纬 28°27′47.3″,东经 108°55′43″。石柱页岩采集地位于北纬 29°52′47″,东经 108°17′13″,海拔 1230m。彭水页岩采集地位于北纬 29°1′49″,东经 108°18′17″。

2.1.1 页岩矿物成分分析

为了解不同浓度盐溶液对页岩的影响规律及作用机理,所需的实验样品数量较大,为保证实验结果的可靠性,了解实验样品的矿物组成和含量是必要的。对 3 次采集的龙马溪组页岩进行 X 射线衍射(XRD)分析。表 2.1 显示,石柱页岩和彭水页岩石英含量太高,综合比较,决定选用秀山页岩为实验页岩。秀山页岩样品的石英含量较高,脆性指数高,黏土矿物含量中等,水化膨胀效果中等,更适宜用于探究不同盐溶液对页岩水化的影响。

表 2.1 秀山、石柱和彭水页岩样品 XRD 分析

	矿物	含量/%		矿物	含量/%		矿物	含量/%
秀山页岩	绿泥石	10	石柱页岩	黄铁矿	1.67	彭水页岩	绿泥石	10
	伊利石	10		伊利石	18.99		伊利石	10
	方解石	25		蒙脱石	0.69		方解石	10
	长石	5		长石	7.85		长石	10
	石英	47		石英	69.23		石英	55
	白云石	3		白云石	1.57		白云石	5

2.1.2 页岩形貌分析

原子力显微镜(AFM)可用于定量测量页岩表面粗糙度并获得其表面特征。图 2.3 为龙马溪组页岩的二维和三维表面图像。通过二维图像切线,获得蓝色和红色切线上的页岩表面高度变化曲线。蓝线和红线的最高海拔约为 200nm,蓝线和红线的最低海拔约为 −250nm 和

−150nm。蓝线的高度差为450nm,红线的高度差为350nm(图2.4)。因此,龙马溪组页岩的表面高度处于纳米尺度。同时3D图像显示表面的孔隙距离大约为$0.5\mu m$。

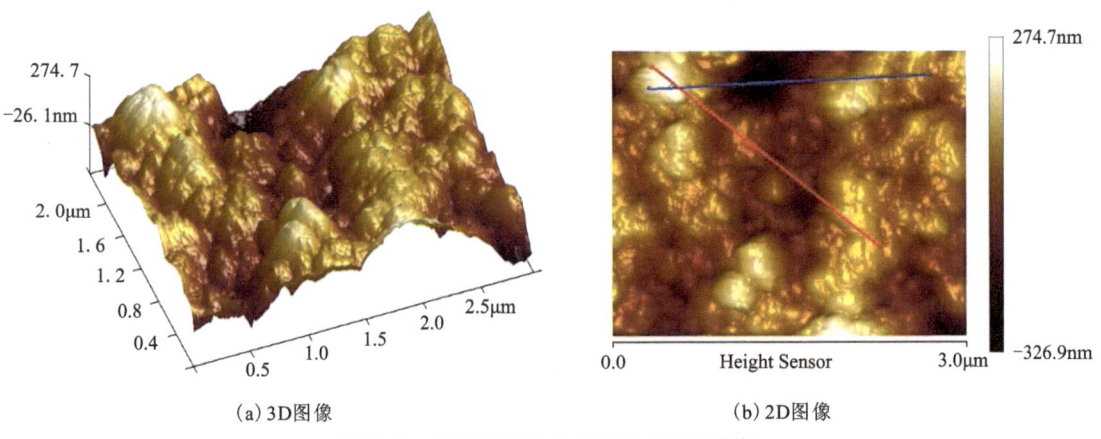

(a) 3D图像　　　　　　　　(b) 2D图像

图2.3　龙马溪组页岩表面的AFM图像

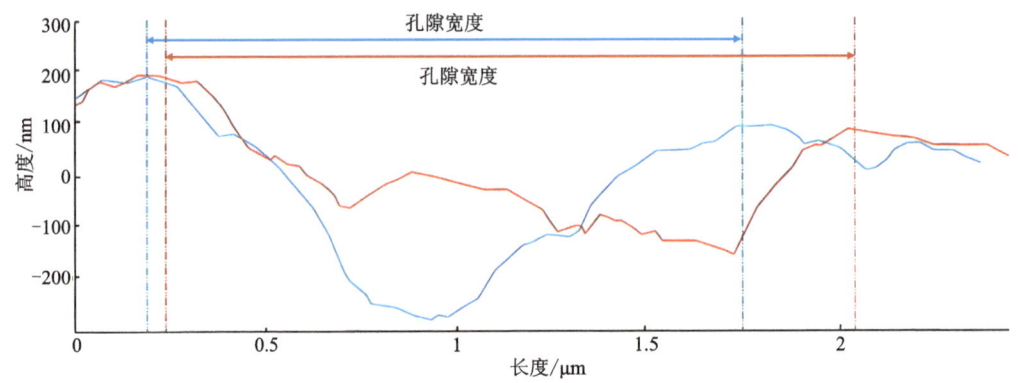

图2.4　龙马溪组页岩表面高度分析(蓝线和红线代表不同的划线方向)

龙马溪组页岩样品压力传递实验(PTT)前后完好无损(图2.5),可确保被测溶液从页岩顶部流至底部,而不会由于页岩变形、破碎而从两侧流至底部。这不仅可以保证实验的准确性,而且为进一步的测试奠定了良好的基础。将页岩样品置于100℃的烘箱中6h以确保它们在实验之前完全干燥,避免实验结果受到页岩中其他液体的影响。

(a) PPT前　　　　(b) PPT后

图2.5　压力传递实验前后的页岩样品(样品直径为25mm,厚度为5mm)

2.2 煤岩物性特征

2.2.1 煤岩矿物成分分析

对山西某地区煤岩进行X射线衍射分析,进而分析样品的成分。结果表明,样品含石英0.3%、方解石15.3%、非晶质84%、黏土0.4%,膨胀性矿物含量较低,脆性指数较高。煤岩XRD图谱和晶层间距如图2.6所示。

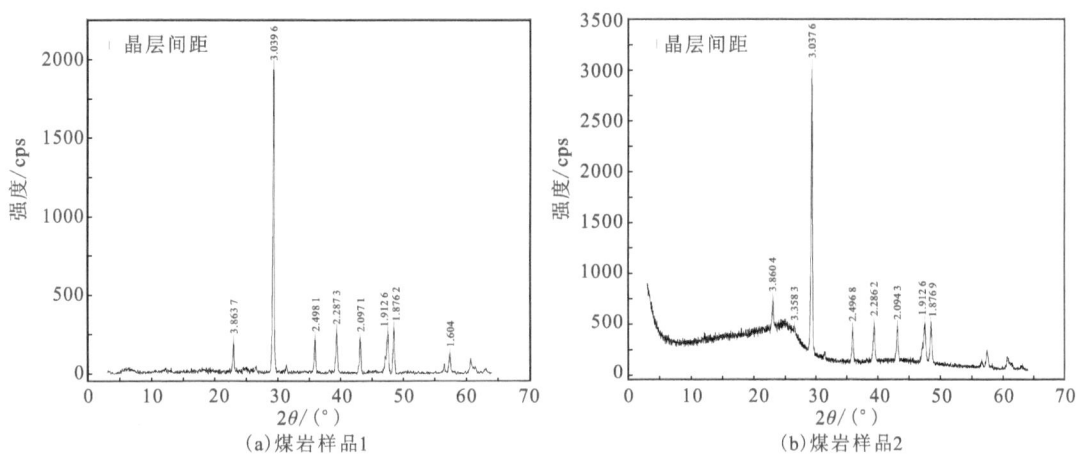

图2.6 煤岩XRD图谱和晶层间距

2.2.2 煤岩形貌分析

通过扫描电子显微镜图像可以发现,高阶煤样的表面存在割理,宽度在5μm左右,割理长度普遍在10μm左右,部分可达50μm,同时表面还伴有一定的孔隙(图2.7)。

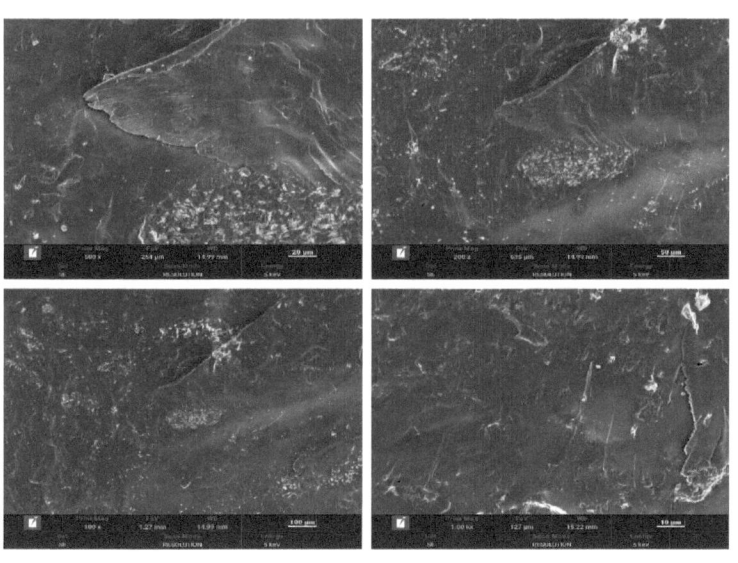

图2.7 高阶煤样SEM图像

通过 SEM 图像可以发现,低阶煤的表面存在割理,宽度在 $5\sim 7\mu m$ 之间,割理长度普遍在 $10\mu m$ 左右,部分可达 $50\sim 70\mu m$(图 2.8)。

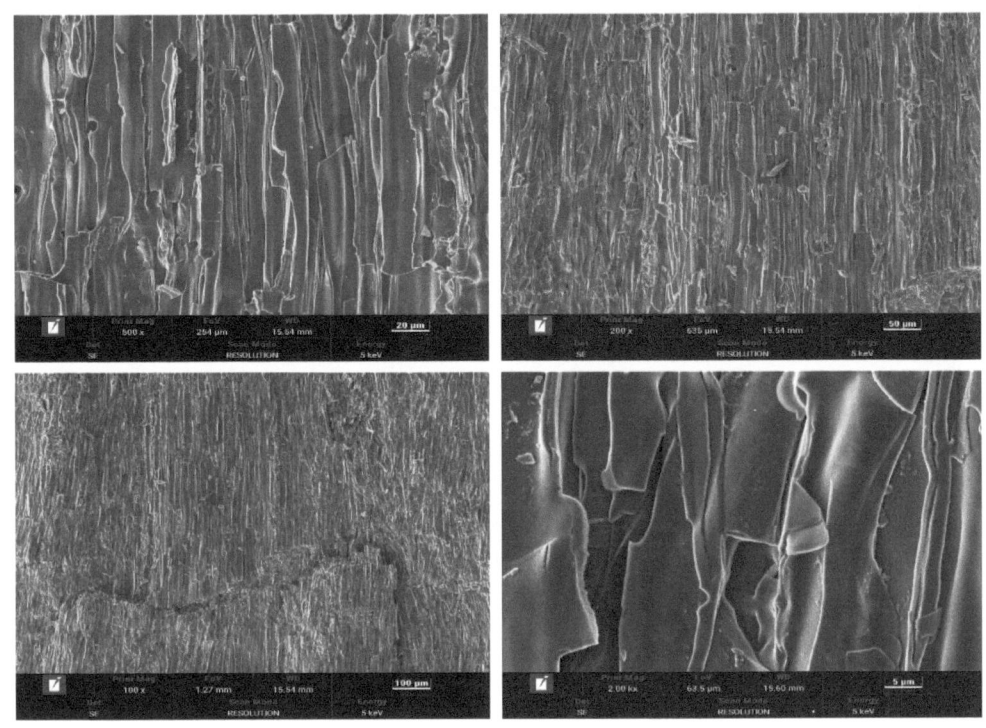

图 2.8 低阶煤样 SEM 图像

2.3 纳米材料筛选和封堵测试评价

2.3.1 纳米材料筛选

通过对比不同状态、不同类型、不同尺寸纳米材料在盐水基钻井液体系中的各项性能,确定更适合盐水基钻井液体系的纳米颗粒。测试纳米颗粒为疏水液态纳米 SiO_2(20nm,30wt%)、亲水液态纳米 SiO_2(20nm,55wt%)、固态纳米 $CaCO_3$(20~120nm)、液态纳米 $CaCO_3$(20nm)。纳米 SiO_2 与纳米 $CaCO_3$ 具有表面积大、吸附率高、疏水性强等特点。纳米颗粒的微观结构呈球形,具有絮状和网状准晶粒结构。

将不同盐溶液(氯化钠、氯化钾和甲酸钠)分别与不同类型(上述 4 种纳米材料)和不同浓度(1wt%~3wt%)的纳米颗粒复配,测量其流变性质、滤失性能和纳米颗粒与盐配伍性等特征。最终结果显示疏水液态纳米 SiO_2 的综合性能更优。

测试结果显示纳米颗粒对流变性能都有积极的影响,但提升效果并不显著,因此滤失性能成为筛选纳米颗粒的关键。首先,比较液态纳米 SiO_2、固态纳米 $CaCO_3$ 和液态纳米 $CaCO_3$ 在基浆中的性能,结果如图 2.9 所示。实验结果表明液态纳米 SiO_2 的滤失性能更好。

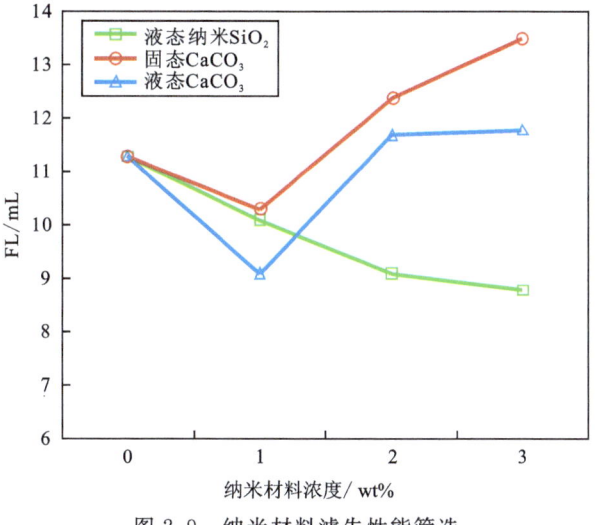

图 2.9 纳米材料滤失性能筛选

由于水基钻井液体系为盐水体系,因而需要了解纳米颗粒与盐水的配伍性。比较固态纳米 SiO_2、疏水纳米 SiO_2、亲水纳米 SiO_2 和液态纳米 $CaCO_3$ 在盐水中的性能,结果如图 2.10 所示。固态纳米 SiO_2 效果最好,但在溶液中保持其纳米状态非常困难,固态纳米颗粒在加入过程中会团聚成簇,无法保持纳米状态。因此,疏水纳米 SiO_2 是最佳选择。

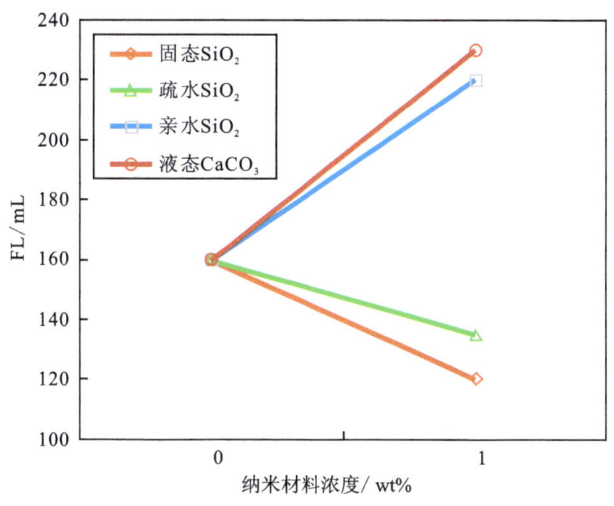

图 2.10 纳米材料与盐水溶液复配筛选

2.3.2 纳米材料制备

纳米科技及纳米材料的研究和应用越来越广泛,改变纳米颗粒特性以及纳米颗粒自组装等效应是目前研究的热点和难点。双面人纳米颗粒作为该领域的一大热点,已引起了广泛的关注。双面人纳米颗粒的制备、镀层、磁场搭建、微观条件下观察平台以及磁性双面人纳米颗粒的自组装实验等都已完成,因为目前未结合钻井和油气开发等方面内容,所以在正文中未涉及。下一步研究内容是磁性双面人纳米颗粒在钻井以及油气田开发中的应用。下面简要介绍一下目前取得的进展。

笔者前期研究目标为改变流体中的纳米颗粒结构,从而改变流体的黏度,流体黏度在医学、催化、能源等方面应用广泛。前期研究步骤:首先在纳米颗粒表面镀一层金属纳米膜,使纳米颗粒表面一半为SiO_2,一半为金属,选用的金属为镍,镍在磁场中具有磁性;其次搭建微观观察平台,能够在溶液中观察纳米颗粒的移动;最后搭建电磁场,控制双面人纳米颗粒的自组装形态和移动速度。图2.11为双面人纳米颗粒制备方法及微观容器示意图。纳米金属镀层采用电子束物理气相沉积法制备,可保证镀层厚度的准确性。微观室为人工搭建,保证玻片在光学显微镜下平稳放置,容积为$1000\mu L$。图2.12为颗粒运动轨迹实时效果图,重点在于颗粒移动速度和运动轨迹随磁场变化,图中的颗粒左拐为人工控制。图2.13是Matlab运动轨迹重构图,颗粒速度在左拐时达到极大值。图2.14为双面人纳米颗粒运动轨迹及速度3D重构图。图2.15为光学显微镜下观察到的双面人纳米颗粒成链和成团现象,颗粒在流体中实现磁场下的自组装。而自组装是微观纳米颗粒与宏观三维、有序、规则超结构之间的桥梁,很多纳米颗粒从合成到最终应用于传感、催化、能源及气体储层等领域都需要通过自组装来实现,应用前景广泛。

综上可知,双面人纳米颗粒的轨迹、移动速度、自组装形态都可人为控制。

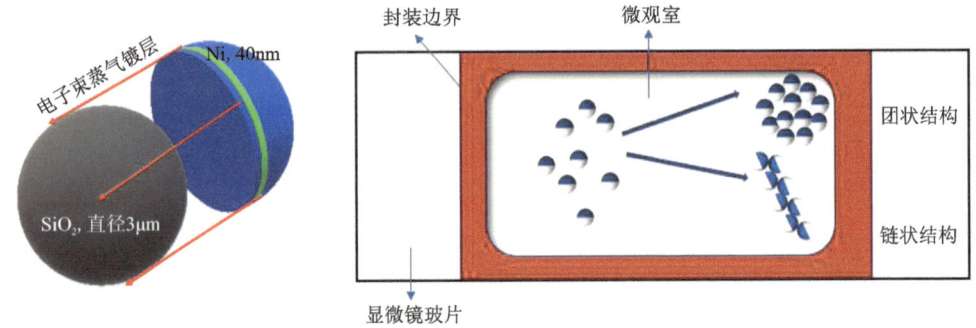

图2.11 双面人纳米颗粒制备方法及其容器设置

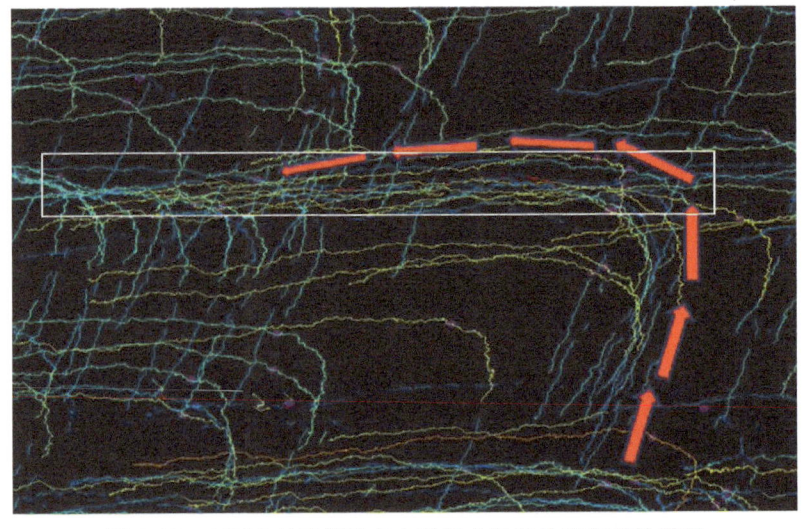

图2.12 双面人纳米颗粒在电磁场中运动轨迹实时效果图

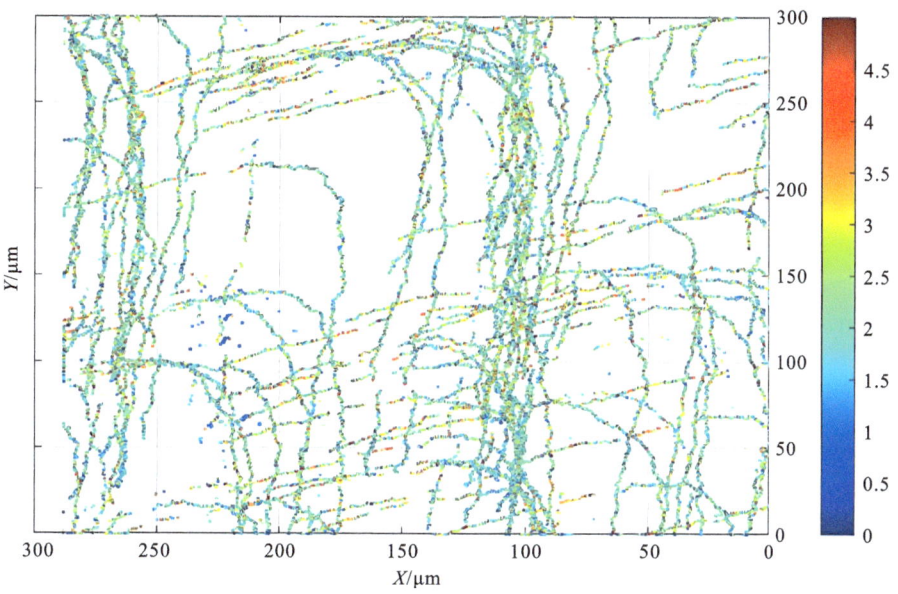

图 2.13 双面人纳米颗粒运动轨迹重构图(不同颜色对应不同的移动速度,单位 μm/s)

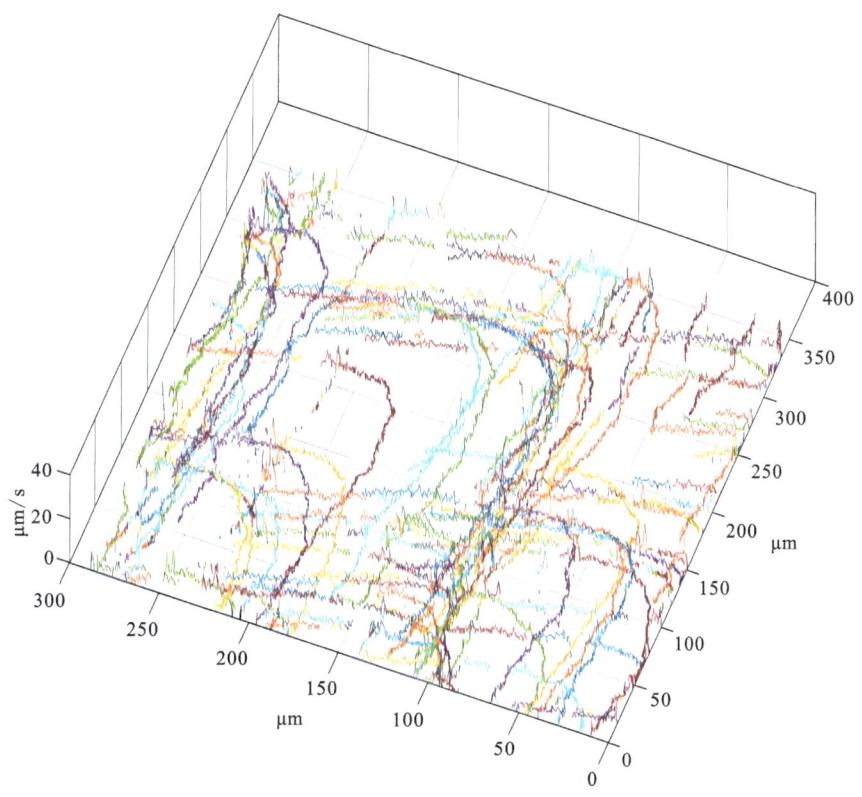

图 2.14 双面人纳米颗粒运动轨迹及速度 3D 重构图

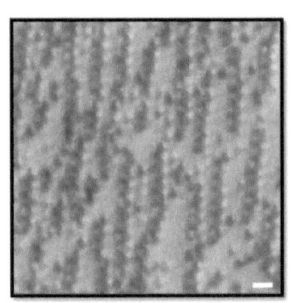 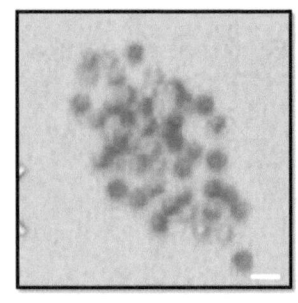

图 2.15　显微镜下双面人纳米颗粒成链和成团现象（比例尺为 5μm）

2.3.3　纳米材料封堵页岩孔隙评价

2.3.3.1　实验仪器及实验设计

压力传递（POT）是压差传递（PT）和渗透传递（OT）的简称。要在泥页岩与水基钻井液之间形成半透膜效应，首先要求泥页岩本身的孔隙尺寸必须非常小，渗透率足够低，只允许水分子通过而不允许其他分子或离子通过。事实上，黏土矿物的片状构造、带电性和上覆岩层的压实等作用，使得泥页岩的渗透率极低，因此泥页岩具有半透膜效应。

PT 实验基本原理是首先在岩样上、下两端建立初始压差，在保持上游压力不变的条件下，通过压力传感器和差压传感器实时监测岩样下端封闭流体的动态压力变化。

OT 实验基本原理是将岩样上端流体用不同活度试液替换，并保持压力恒定，使岩样上、下两端形成化学势差；在初始水力压差为零的条件下，通过压力传感器和差压传感器实时监测岩样下端封闭流体的动态压力变化。

实验难度在于页岩为低渗岩石，常规设备并不能检测页岩的液侧渗流过程。压力传递实验装置测试温度为 (25 ± 0.5)℃。测试样品全部封装在样品袋中防止与外界空气和水分接触。测试样品前，岩心被包夹在弹性橡胶圆筒内，橡胶圆筒内直径为 25mm，外直径为 30mm，足够的厚度保证在施加围压时，可防止岩心断裂。上、下两端接触不锈钢平台，其接口处有流体入口与出口，在实验过程中，出口全部关闭，同时保证出口体积近似为零。渗流过程中，保证上游压力入口为开，下游压力入口和出口同时为关。上游和下游出口同时设有压力传感器。仪器后方为流动系统，待测溶液全部在后方不同压力罐中，每个罐中可注入不同溶液，保证实验连续性。同时设有压力阀，压力罐中溶液不会混合在一起，最终通过多汇管线流经岩心。主容器室左侧为平流泵，可控制待测溶液流速和流量，主容器室下方为泵，分别控制轴压、围压、下游压力和环压，泵可手动或电动控制。主容器室可设置温度，监测不同温度下的页岩渗流过程。

实验设计：首先水通过页岩，监测页岩渗流过程；然后将待测溶液换为盐水，页岩不更换，继续监测渗流过程；当渗流过程结束后，采用盐水＋纳米材料，监测最终渗流过程。

使用同一页岩的目的是防止页岩样品差异引起的结果紊乱。为保证实验的连续性，仪器后方 3 个压力罐在实验前已装好待测溶液。实验页岩为秀山页岩，直径为 25mm，厚度为

5mm。压力设置方面,当上游压力设定为 3MPa 时,溶液可能从顶部渗透到底部,页岩岩心不会破裂。如果上游压力大于 3MPa,页岩样品很容易被破坏。上游压力设置太低会导致流体很难穿透页岩孔隙。流体流速根据上游压力变化而调节,压力紊乱会导致渗流过程不同。当给予更高的压力时,渗流过程会加快,因此实时调节平流泵流量的目的是保持上游压力恒定,监测盐溶液对页岩渗流过程的影响。此方法得到的实验数据更具可靠性。

实验仪器的设计和测试方法参照得克萨斯大学奥斯汀分校的 Eric van Oort 教授所提出[162]。此仪器可以测试低渗透率岩石,主要针对页岩,可以监测整个压力传递过程,并非只是测量液体渗透率,这也是与压力衰减测试方法的不同之处。因为在测试过程中,随着时间的推移,页岩发生水化反应,这对岩石孔隙度和渗透率都会产生影响,进而导致渗透率变化。如果采用压力衰减方法,可以快速测得岩石渗透率,但是溶液对岩石的影响可能会被忽略。图 2.16 为页岩压力传递实验装置正面照。

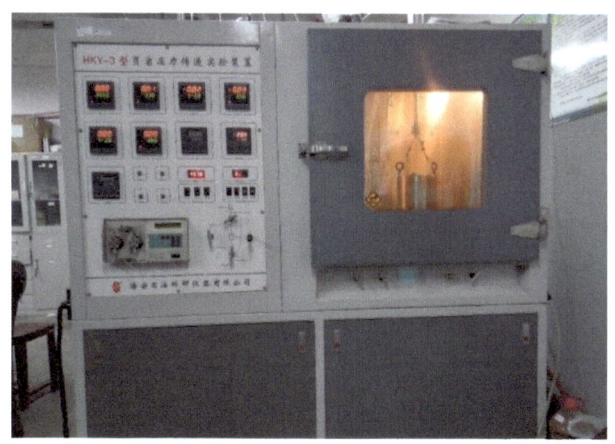

图 2.16 HKY-3 页岩压力传递实验装置

2.3.3.2 实验结果及讨论

在压力传递实验方面,根据设备上游压力极限和页岩可钻取厚度,使用厚度为 0.5cm 的岩心。如果岩心太厚,溶液不能完全渗透,压力不能在页岩孔隙中传递;如果岩心太薄,岩心会在加压过程中断裂。同时加压过程也不可太快,压力骤增会导致页岩破碎。图 2.17 为上游压力增大过程中压碎的页岩岩心。

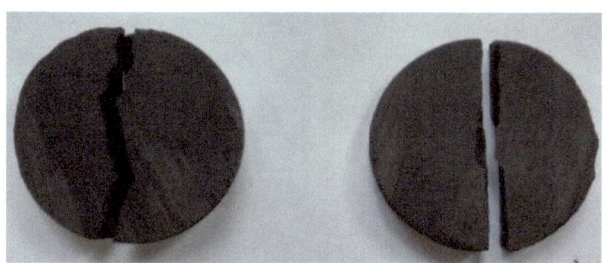

图 2.17 加压过程中破碎的岩心

从测试结果可知,当测试溶液为水时,压力传递时间为50h;当测试溶液为盐水时,压力传递时间延长至62h;当测试溶液为盐水+纳米材料时,压力传递时间达90h。

当待测溶液中添加纳米材料时,页岩孔隙被纳米颗粒封堵(图2.18),溶液进入页岩孔隙的比例减小,导致压力传递时间变长,此部分属于物理封堵导致的压力传递速率减慢。当待测溶液为盐水时,由于页岩的半透膜效应,盐水中的分子形成的化学势差抑制页岩水化,压力传递速率减慢,此部分属于化学抑制导致的压力传递速率减慢。结合两种方法,可减缓压力传递速率达46%(图2.19)。

图2.20(a)中页岩的平均孔径大于图2.20(b),两图中页岩平均孔径分别为 $0.275\mu m$ 和 $0.137\mu m$,孔隙直径减小50.18%。

(a) 原页岩(放大2400倍)

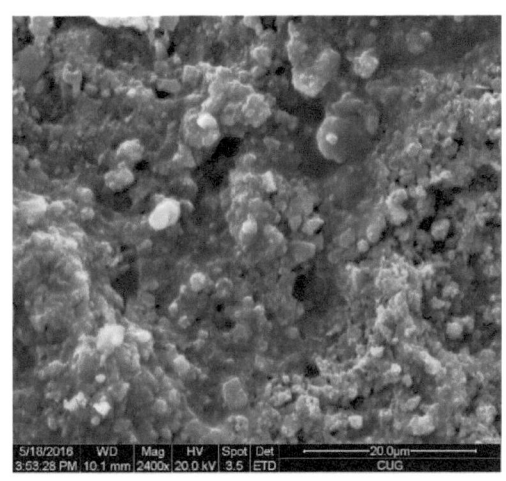

(b) 与纳米SiO_2接触的页岩(放大2400倍)

(c) 原页岩(放大30 000倍)

(d) 与纳米SiO_2接触的页岩(放大30 000倍)

图2.18 页岩压力传递实验前后SEM对比图像

第 2 章 页岩、煤岩物性特征和纳米材料封堵性能评价

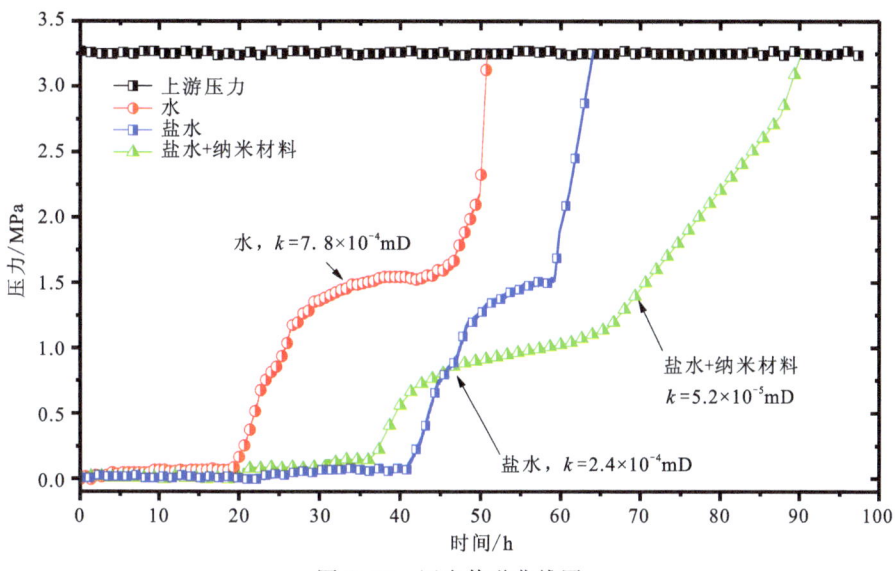

图 2.19 压力传递曲线图

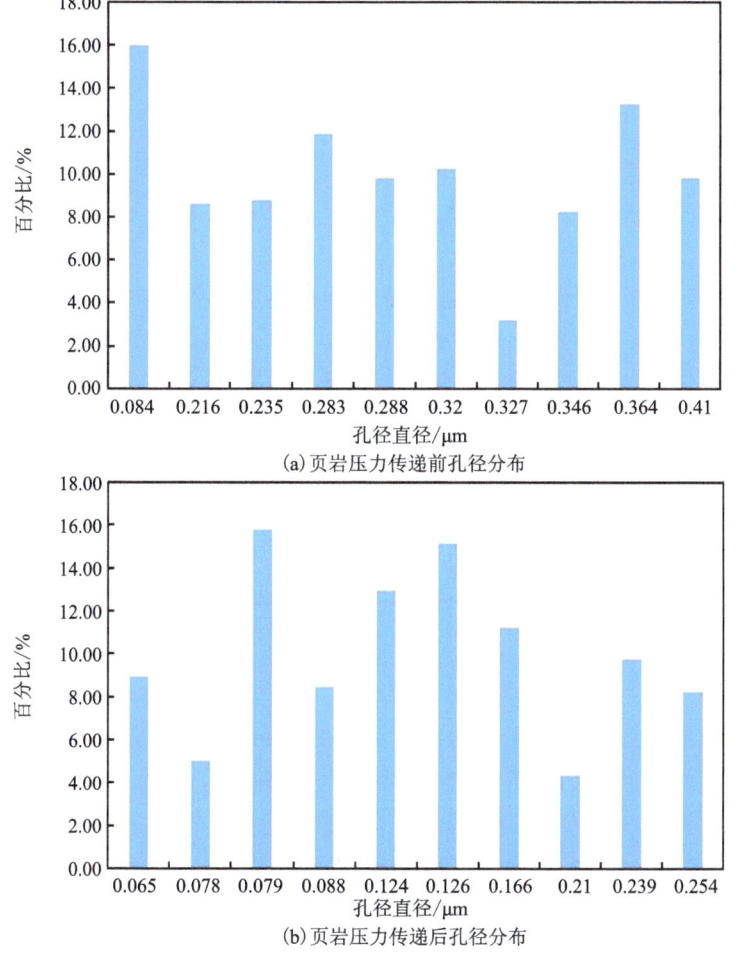

(a) 页岩压力传递前孔径分布

(b) 页岩压力传递后孔径分布

图 2.20 纳米材料封堵后孔径直径对比图

第 3 章　纳米材料封堵岩石微纳米孔隙的数值模拟

纳米颗粒可以封堵页岩裂缝及孔隙,然而,不同参数下纳米颗粒在页岩孔隙中的运动规律和封堵效率并不明确。在本章中,采用离散元法和计算流体动力学在微观尺度上模拟颗粒悬浮液封堵页岩孔隙。粒子运动轨迹和封堵效率可通过离散粒子模型得知。为确保模拟结果的合理性,编写用户自定义函数,整理球体拖拽力可用实验数据及经验公式,修改标准拖曳曲线。

3.1　颗粒封堵和堆积理论基础

颗粒系统在自然界和工业中都很常见,但其动态行为非常复杂,主要原因是颗粒之间存在复杂的相互作用以及颗粒与周围气体或液体和壁面之间存在相互作用。掌握这些相互作用的基本理论知识,是得到可以普遍适用结果的关键。而这些目标可通过粒子尺度研究实现。

近年来,随着离散粒子模拟技术和计算机技术的迅速发展,颗粒流研究在世界范围内迅速发展。其中最重要的离散模型最初由 Cundall 和 Strack 开发,称为离散元法(discrete element method,DEM)[163]。该方法考虑有限数量的离散粒子,计算颗粒之间接触力和非接触力,并且由牛顿运动方程描述平移和旋转运动的每个粒子。DEM 模拟可以提供动态信息,如单个颗粒的运动轨迹和所受的瞬态力,这通过物理实验是可能完成的,但是会非常困难。此外,DEM 还与计算流体动力学(computational fluid dynamics,CFD)相结合来描述颗粒流体流动[164-165],这使得研究许多颗粒流动系统成为可能。事实上,过去 20 年来,基于 CFD 和 DEM 的模拟和建模已经越来越多地用于颗粒流研究。

3.1.1　DEM 简介

粒子科学和技术是一个快速发展的跨学科研究领域,其核心是理解微粒/粒状物质的微观和宏观特性之间的关系。之前的研究主要聚焦于宏观范围内,所得到的信息有助于对颗粒运动过程进行广泛理解。然而,缺乏定量的计算难以生成可靠的结论。

颗粒物质的宏观行为受单个颗粒之间的相互作用,以及与周围气体、液体或壁面相互作用的影响。因此,理解颗粒物质相互作用的微观机制是推动跨学科研究的关键,并对产生普遍适用的成果至关重要。采用微观动力学方法进行粒子尺度的研究,可以有效地实现该目标。目前已经开发出几种离散建模方法,包括蒙特卡罗法和DEM。

其中两种最常见的DEM是软粒子法和硬粒子法。软粒子法是公开文献中首个发表的粒状动力学模拟技术,允许颗粒发生微小变形,并且变形用于计算颗粒之间的弹性、塑性和摩擦力。粒子的运动由牛顿运动定律描述。软球模型的特征之一是能够处理多个粒子接触的情况,对建立准静态系统非常重要。相反,采用硬粒子法处理一系列碰撞时,认为每次碰撞都是瞬时的,通常没有明确考虑粒子之间的相互作用力。因此,硬粒子法通常在研究快速粒状流中最为常用。

两种DEM,特别是软粒子法(图3.1),已被广泛用于研究各种现象,如颗粒填充、运输性能、堆积/打桩过程、料斗流动和造粒。DEM与CFD结合以描述颗粒-流体流动,如流化输送和气动输送。

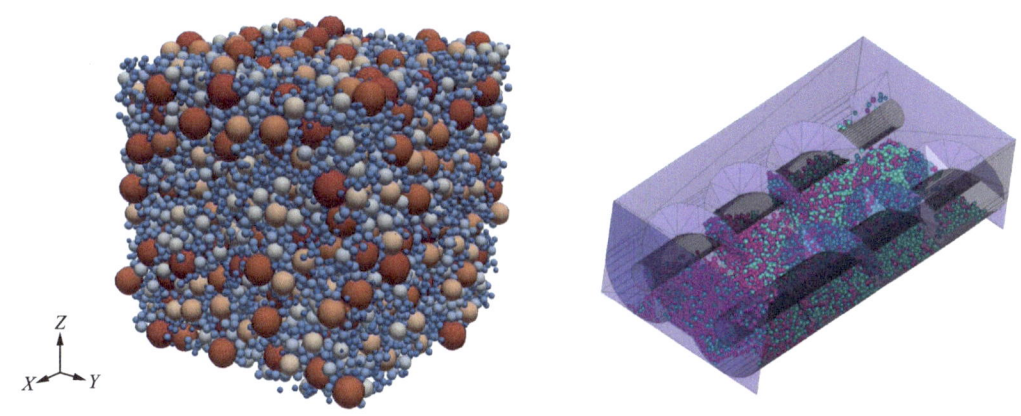

图3.1 DEM颗粒模型

理论方法主要考虑3个方面:颗粒与颗粒、颗粒与流体相互作用模型以及离散颗粒到连续体的建模[166-167]。理论应用主要分为3个方面:颗粒堆积、颗粒流和颗粒流体流。其中研究重点是堆积/流动结构、粒子-粒子、粒子-流体和粒子-壁面相互作用的微动力学。

填充床模型可能反映的是最简单的粒子状态,因为所有涉及的粒子都处于静态且位置固定,填充床模型被广泛用作颗粒堆积模型和用于理解孔隙连通性[168-170],如有效热导率[171-172]和渗透性[173-175]。

早期研究方式主要为实验室物理实验[176-178]。对于单尺寸球体的堆积,诸如配位数(coordination number,CN)和径向分布函数(radial distribution function,RDF)之类的结构方程已经被广泛应用。然而,结构信息的实验提取费时费力,并且存在相对较大的误差和不确定性。为了解决这些问题,研究人员已经开发了各种数值算法来模拟颗粒堆积。其中应用最广的算法为蒙特卡罗法,基于顺序添加或集体重排。由于这些算法通常涉及关于质点运动和/或稳定性标准的各种假设,而这些假设并不总是真实地反映实际情况,因而所得到的计算结果与所测量的结果并不一致[179-181]。

形成堆积是一个涉及各种力的动态过程,理想的模拟方法应考虑与几何或力量有关的所有动态因素。从这个角度来看,DEM本质上优于早期的蒙特卡罗法。粒子堆积已经过了多年研究,尽管通常认为堆积在宏观上是均匀的,但在微观粒子水平上实际是不均匀的,并且两个互补相(粒子和孔隙)之间的相互作用对最终计算结果起到决定性作用。因此,为了理解颗粒堆积过程,定量填充结构是至关重要的。堆积过程是一种动力学过程,除了引力之外,还包括各种其他的力,如由于碰撞和颗粒之间的摩擦产生的接触力、与细颗粒相关的范德华力和/或静电力,以及湿颗粒的毛细作用力。最终结果取决于所涉及的堆积条件,上述力可能会单独或共同作用于颗粒。通过整合计算,DEM 已被用于研究各种条件下的颗粒堆积。

3.1.2 颗粒碰撞模型

粒状流中的颗粒具有两种运动类型:平移和旋转。在运动期间,颗粒可以与其相邻的颗粒或壁面发生相互作用,并与其周围的流体相互作用,通过流体交换动量和能量。严格地说,这种运动不仅直接受到来自相邻粒子和邻近流体的力与扭矩的影响,还受到远离干扰波传播的粒子和流体的影响。这种过程的复杂性阻碍了任何试图通过分析模拟颗粒碰撞的尝试。因此,对于粗颗粒系统,在任何时候颗粒上的合力可以仅由与其接触颗粒和邻近流体的相互作用来确定。对于精细颗粒系统,还应包括非接触力,如范德华力和静电力。基于这些考虑,牛顿的第二运动定律可用于描述单个粒子的运动。具有质量的粒子 i 的平移和旋转运动的控制方程与转动惯量为

$$m_i \frac{\mathrm{d}v_i}{\mathrm{d}t} = \Sigma_j F_{ij}^{\mathrm{c}} + \Sigma_k F_{ik}^{\mathrm{nc}} + F_i^{\mathrm{f}} + F_i^{\mathrm{g}} \tag{3.1}$$

$$I_i \frac{\mathrm{d}w_i}{\mathrm{d}t} = \Sigma_j M_{ij} \tag{3.2}$$

式中:m_i 为粒子 i 的质量(kg);t 为时间(s);I_i 为粒子 i 的转动惯量(kg·m²);v_i 和 w_i 为粒子 i 的平移速度和角速度(m/s);F_{ij}^{c} 和 M_{ij} 为粒子 i 作用在粒子 j 或者墙上的接触力和扭矩(N,N·m);F_{ik}^{nc} 为粒子 i 作用在粒子 k 上的非接触力(N);F_i^{f} 为颗粒 i 与流体的相互作用力(N);F_i^{g} 为重力(N)。

首先是颗粒之间的接触力。通常,由于颗粒变形,两个颗粒之间的接触不是在单个点上而是在有限区域内,这相当于允许在 DEM 中存在略微重叠的两个刚体的接触。该区域上的接触牵引分布可以分解为接触平面(或切向平面)的分量和垂直平面的分量,因此接触力具有两个分量:正向和切向。准确地描述在该区域上的接触牵引分布以及作用在颗粒上的总力和扭矩是非常困难的,因为它们与许多几何和物理因素有关,如颗粒的形状、材料特性和运动状态。为了提高计算效率,使其适用于多粒子系统,目前已经提出多种方法。通常,线性模型是最直观和简单的模型。最常见的线性模型是由 Cundall 和 Strack 提出的线性弹簧-缓冲器模型[163,182-184],其中弹簧用于弹性变形,而缓冲器用于黏性耗散。不包括缓冲器的线性弹簧模型也已被 Di Renzo 和 Di Maio[185]在 2004 年使用。同时更复杂和理论上更合理的模型,如 Hertz-Mindlin 模型和 Deresiewicz 模型,也被开发了。目前,基于上述理论的各种简化模型已被开发用于 DEM 建模[186-187]。

当颗粒并非球形时,需要处理的接触力会更加复杂。目前已经提出了两种方法来处理不规则形状的颗粒。一种是将非球形颗粒模拟为球形颗粒的集合,其优点在于可用于处理形状非常复杂的颗粒,并且仅涉及球形颗粒的接触模型;另一种方法是假设粒子为具有给定形状

的几何体,如椭球、多面体和圆柱体,并通过求解基础数学方程来确定两个这样的相邻粒子之间是否接触。DEM模型使用第一种方法。综上所述,目前针对DEM模拟已开发了线性和非线性接触力模型。从理论上讲,基于Hertz理论和Mindlin-Deresiewicz理论简化的非线性模型比线性模型更准确。然而,Di Renzo和Di Maio进行的数值研究表明,选用简单的线性模型有时会得到更好的结果。这可能是因为理论模型通常基于几何理想的粒子,而在实际应用中并不存在这样的完美粒子。选择合适的参数也在得出准确结果方面起着重要作用。复杂模型会消耗计算时间,且针对复杂模型,DEM模拟在提高计算精度方面的增益微不足道。而且大多数模型是针对一个或两个方面,或基于简化条件开发的,它们在DEM模拟中的组合可能会导致理论或概念上的问题。因此,在进一步发展离散模型时应考虑以上问题。

在颗粒运移过程中,粒子可能发生旋转。当粒子间力作用于粒子之间的接触点而不是粒子的质心时,将产生使粒子旋转的扭矩。通常,扭矩由切向和非对称正常牵引分布的两个分量生成。在许多DEM模型中,滚动摩擦扭矩被认为是可忽略的。然而,目前研究表明,扭矩在涉及静态和动态转换的过程中起着重要作用,如剪切带的形成和堆积,以及单个粒子在平面上的运动。

3.1.3 颗粒之间非接触力模型

当涉及细颗粒和流体流动时,非接触颗粒间力可显著影响颗粒的填充和流动。在过去,粒子间力通常由经验指标来评估,如豪斯纳比、休止角和剪切应力[188-189]。以上指标可以部分地解释颗粒的行为,但定量计算和应用仍然很困难。DEM模型可以克服以上困难,因为此模型考虑了颗粒间的非接触力。非接触力通常涉及3种基本力的组合,即范德华力、毛细管力和静电力,它们可以在不同程度上间接或连续地作用于颗粒,其相对重要性取决于一系列变量。本节将简要讨论这些力的作用机理及其在DEM建模中的应用。

范德华力是具有封闭壳的分子之间的力[190-191]。分子之间的范德华力与距离成正比。对于两个粒子,通过对所有分子力进行积分可以看出,范德华力随距离而衰减。Hamaker理论通常用于DEM模拟以计算范德华力[192-193]。该理论基于"成对加和"假设,并从单个原子(或分子)之间的相互作用开始,通过宏观物体之间的范德华力来整合所有原子对之间的范德华力。Hamaker理论表明,当两个粒子接触时,范德华力变为无穷大。为解决这个问题,假定一个"截止"距离,这个距离在0.165~1nm之间。经典的Hertz接触理论适用于接触物体的弹性变形,但忽略了由于范德华力引起的黏附力。JKR模型和DMT模型是两种常用的模型,用于改进Hertz模型。JKR模型是基于接触力学推导出来的,并考虑拉伸和压缩相互作用都会影响接触半径;DMT模型分别处理Hertz变形和黏附效应,在DEM仿真中更能直接实现上述功能。

静电力存在于带电粒子之间,可以分为3类:库仑力、电荷力和空间电荷力。Krupp等[194-195]对各种情况进行了详细讨论。粒子之间的静电力通常由经典的库仑方程求得,然后比较范德华力与接触电位或过量电荷产生的静电力。结果表明,范德华力比微尺寸颗粒的静电力大一个数量级。在DEM模拟中,不是明确诸如范德华力和静电力之类的非接触力,而是将表面能的概念纳入模拟中。

为了在 DEM 模拟中引入毛细管力,必须确定颗粒之间的液体分布。Muguruma 等[196-197]假设液体可以在颗粒之间传输并且在小于破裂距离的所有间隙中均匀分布。另外,通过假设液体在颗粒之间均匀分布,如果液体黏度足够小,则可以忽略颗粒之间的液体输送。通过将它们组合在一起,Yang 等[198-199]假设液体均匀分布,且在颗粒之间不能转移。一旦颗粒间隙小于破裂距离,形成液桥,分配给颗粒的液体将均匀分布。

3.1.4 粒子-流体相互作用力模型

除了浮力之外,颗粒周围的流体与颗粒的相互作用会产生颗粒-流体相互作用力。例如,颗粒的运动总是被停滞的流体抵抗。颗粒-流体相互作用力主要是阻力,是流化的驱动力。迄今为止,在 DEM 模拟中已经引入了多种粒子-流体作用力,包括粒子流体阻力、压力梯度力和其他不稳定力[200],如虚拟质量力[201]、巴塞特力和升力[202]。

对于流体中的单独粒子,颗粒阻力方程已建立,由牛顿方程描述。粒子-流体阻力系数,除液体特性外,还取决于雷诺数 Re。流体有 3 个区域:斯托克定律区域、过渡区域和牛顿定律区域。对于每个区域,阻力系数由公认的相关性公式来确定。但对于颗粒系统,问题变得更加复杂。其他颗粒占用了流体的空间,产生了流体速度梯度,因此在颗粒表面产生了剪切应力。同时阻力的增强与颗粒构型、颗粒-流体滑动速度以及颗粒和流体的性质密切相关。

目前有两种方法来确定颗粒-流体阻力。第一种方法基于堆积压降经验相关性或堆积膨胀实验。其他颗粒主要改变局部孔隙度,同时与流动状态或颗粒雷诺数有关。另一种方法基于微观尺度的数值模拟,使用的技术包括直接数值模拟(direct numerical simulation,DNS)[203-204]和格子玻尔兹曼方法(lattice Boltzmann method,LBM)[205-207]。尽管两种方法都是合理的,但受当前计算能力的限制,迄今为止数值研究仅适用于相对简单的系统。Li 和 Kuipers 在 2003 年系统研究了各种相关性之间的差异,结果表明,尽管各参数准确性可能不同,但量化的相关性都具有相似的预测能力[208]。

当涉及的流体是液体而不是气体时,还须考虑其他颗粒-流体相互作用力。其中包括压力梯度力、非定常力和升力[209-210]。通常,压力梯度涉及由于重力引起的浮力,还涉及流体中的加速压力梯度。虚拟质量力与加速周围流体所需的拖拽力有关,也被称为表观质量力,相当于向粒子添加质量。巴塞特力定义为由于滞后边界层发展而产生的随着相对速度的变化而变化的力,这也是黏性效应的另一种表征形式。Hjelmfel 和 Mockros 发现,虚拟质量项在某些条件下变得微不足道,特别是对于小密度比的液体[211-212]。作用于粒子上的升力,包括萨夫曼升力和马格努斯升力,是由粒子的旋转产生的。萨夫曼升力是由合成速度梯度的压力分布引起的,马格努斯力是由旋转引起的速度差导致的颗粒表面上的压差产生的。

$$F_p = -V_p \frac{dp}{dx} = -V_p \left(\rho_f g + \rho_f u \frac{du}{dx} \right) \tag{3.3}$$

式中:F_p 为压力梯度力(N);V_p 为颗粒体积(m^3);x 为距离(m);p 为压力(Pa);ρ_f 为流体密度(kg/m^3);g 为重力加速度(m/s^2);u 为流体速度(m/s);v 为平移速度(m/s)。

3.1.5 颗粒在流体中流动模型

颗粒流通常与流体(气体和/或液体)流动相结合。实际上,几乎在所有类型的颗粒运动中都可以观察到颗粒-流体流动耦合。理解控制流动的基本原理并制订合适的控制方程与本构关系至关重要,这需要采用多尺度方法来理解不同长度和时间尺度上的颗粒流动现象[212-215]。在热力学和动力学相关的原子/分子尺度上的研究已经有所突破,但是缺少对与粒子、液滴和气泡行为相关的微观现象的定量理解。没有以上参数,可靠的计算无从谈起,也很难设计和控制不同类型的微粒运动过程。因此,颗粒-流体流动的粒子尺度建模在过去10年中一直是研究的焦点,而DEM在这一研究中起着重要作用。

在CFD-DEM耦合方法中,通过求解牛顿运动方程获得单个粒子的运动,而对于连续气体,由CFD在计算单元尺度上确定[164,204]。流体相的控制方程与多相流模型(multiphase flow model,MFM)相同,在工程应用中已被广泛接受,其固体流动的控制方程主要基于DEM。因此,如果专注于固相,CFD-DEM模型具有类似于所谓的分子动力学模拟(molecular dynamics simulation,MDS)的特征[216-218]。DEM和MDS之间的主要区别在于所涉及的力因相关的长度尺度不同而不同。这也是由于实施了颗粒间力,将CFD-DEM模型与之前的气固流动CFD模型区分开来,在气固流动CFD模型中,颗粒间的相互作用经常被忽略(图3.2)。

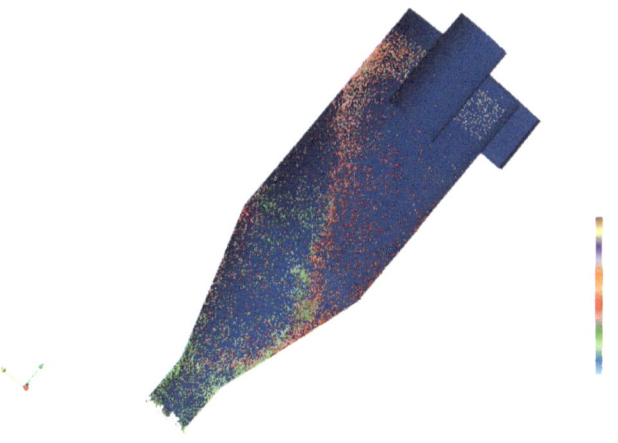

图 3.2 CFD-DEM 模型

颗粒-流体流动模型的难度主要在于固相而不是流体相。因此,CFD-DEM因其与DNS或LBM-DEM相比具有优越的计算便利性,与MFM相比具备捕获粒子的能力而具有吸引力。因此,目前研究颗粒-流体流动的主要方法为CFD-DEM。

采用平均计算方法,可以将离散粒子系统转移到相应的连续体系统中,这种平均方法已得到广泛的研究和开发。早期工作忽略了粒子旋转运动的影响。因此,合成平衡方程仅适用于质量和线性动量。无论使用哪种方法推导,这些方程都与经典连续介质力学中的方程相同。然而,最近的研究表明,在一些情况下,如剪切带的粒子旋转梯度非常高,连续公式中应加入额外的变量来描述该梯度。基于这种考虑,目前已经导出方程来描述粒子的旋转。

3.2 纳米材料封堵模拟简介

水基钻井液(water-based drilling mud,WBM)流体渗透到页岩地层中导致页岩膨胀和井眼失稳。页岩气钻井过程中所钻遇75%以上的地层是页岩地层,而由它引起的井眼失稳问题占比超过90%。抑制页岩水化和封堵页岩纳米孔隙,是页岩气水平井能否稳定以及页岩气能否高效持续开采的基础[219-220]。保持井眼稳定是石油和天然气钻探需要考量的因素之一[221]。Chenevert发现,软、硬页岩失稳的主要原因是页岩吸水和随之发生的井眼膨胀与坍塌。水侵入页岩时,井筒压力会渗入孔隙空间,最终导致孔隙压力失效和井壁失稳[13]。

页岩气水平井井段长于常规井,需要分段压裂。1000m 以上的长水平段更加容易发生井漏、膨胀和塌陷。此外,摩擦阻力、岩屑携带和地层损害等问题在长水平段也非常突出,这将直接影响钻井效率和储层保护效果。

纳米颗粒具有明显的吸附效果,与常规微米级添加剂相比,可在纳米级孔隙或喉道中更好地实现封堵,有效阻隔水,易于排出,保护储层。Sharma 等[121]开发了基于 SiO_2 纳米颗粒的泥浆,可显著降低钻井和加工成本,并提供显著的环境效益。纳米颗粒封堵页岩纳米孔隙如图 3.3 所示。

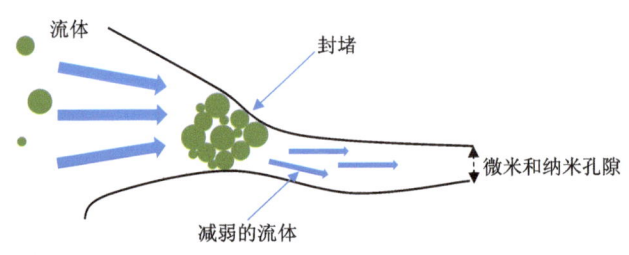

图 3.3 颗粒封堵孔隙示意图

通过物理实验可以测得封堵时间和封堵效率,但由于尺寸问题,颗粒运动轨迹难以确定,而且进行物理实验消耗的财力和物力非常大,同时进行微米及纳米级物理实验难度很大,不易成功。了解颗粒体系的动态行为有助于理解颗粒封堵机制,这是传统实验技术难以获得的。一个重要的离散模型最初由 Cundall 和 Strack[163]开发,名为离散单元法(DEM)。此外,该方法可扩展考虑热力学、耦合 CFD 和有限元法[222]。对于流体中的颗粒系统,它包括 4 项研究课题,即粒子-粒子相互作用[223-224]、粒子-流体相互作用[225-227]、粒子-壁面相互作用[228]和粒子填充[173,229-230]。然后,将这些模型和理论研究应用于微纳米系统[231-233]。

我们了解纳米颗粒可以用于封堵页岩孔隙,但是并不了解纳米颗粒在页岩孔隙中的运动规律,纳米颗粒怎样封堵页岩孔隙以及最终封堵情况,调节哪些参数可以达到最佳封堵效果,在如此小的尺寸上哪些因素是主要封堵因素等。这些问题的答案都是未知的。通过离散颗粒模型计算,然后与目前已得出的实验结果进行对比,验证模型可靠性。同时可通过离散颗粒模型了解颗粒的运动轨迹和封堵效率,从而改善模型和颗粒参数,提升纳米颗粒封堵页岩孔隙效果。

3.3 颗粒堆积模型及其参数设置

3.3.1 流体及颗粒运动本构模型

此模型为纳米颗粒在页岩孔隙中的流动和封堵模型。颗粒为不规则球体,可调节颗粒直径。调节释放颗粒的浓度,可得到不同的封堵效果。当颗粒浓度较低时,不能形成封堵和架桥,随着颗粒浓度的上升,封堵效果越来越明显。监测出口处的颗粒数量、浓度和压力,结合可视化效果,可判断封堵效果。采用瞬时模拟,监控每一步运算的孔隙和颗粒状态,从而了解

第 3 章 纳米材料封堵岩石微纳米孔隙的数值模拟

整个封堵过程。

模型从入口处开始计算。颗粒释放时速度相同,但为拟合真实环境,颗粒释放的方向各不相同。颗粒直径和种类也可调节,可模拟后期不同粒径颗粒复配封堵效果。当颗粒被释放进入页岩孔隙后,颗粒的每一步运动轨迹、速度等物理量都会被计算和追踪。追踪采用 DPM 模型[163]。

采用的 CFD 软件为 Ansys Fluent 18.1 学术版本,来自卡尔加里大学数据中心。采用 3D 模型,同时添加双精度计算方法。采用无滑移边界,页岩孔隙壁面采用弹性边界,同时设置固定的初始入口速度(0.1mm/s)和固定出口压力(0MPa),并考虑重力因素。

在小尺度范围内(100~500μm 的通道尺寸),雷诺数(其比较流体的动量与黏度的影响)会变得非常小。关键的问题是流体流动呈层流而不是紊流。

假定孔隙流体是连续的并且由局部 Navier-Stokes 方程描述。根据质量守恒方程和动量守恒方程,流体由下列等式计算。

$$\frac{\partial \rho}{\partial t} + \nabla \cdot (\rho \vec{v}) = S_m \tag{3.4}$$

$$\frac{\partial}{\partial t}(\rho \vec{v}) + \nabla \cdot (\rho \vec{v} \vec{v}) = -\nabla p + \nabla \cdot (\bar{\bar{\tau}}) + \rho \vec{g} + \vec{F} \tag{3.5}$$

式中:ρ 为流体的密度(kg/m³);$\vec{v}$ 为流体的速度(m/s);S_m 为从分散的第二相添加到连续相的质量(kg);t 为时间(s);p 为静压(Pa);$\bar{\bar{\tau}}$ 为应力张量;$\rho \vec{g}$ 和 $\vec{F}$ 为引力体力和外力(N)。

通过在拉格朗日参考系中作用在粒子上的平衡力来整合离散相粒子的轨迹。这种平衡力将颗粒惯性与作用于颗粒上的力等同起来。Re 被定义为

$$\frac{d \vec{u_p}}{dt} = F_D(\vec{u} - \vec{u_p}) + \frac{\vec{g}(\rho_p - \rho)}{\rho_p} + \vec{F} \tag{3.6}$$

$$Re = \frac{\rho d_p |\vec{u_p} - \vec{u}|}{\mu} \tag{3.7}$$

式中:F_D 为额外的加速度(力/单位质量)项(N/kg);$\vec{F}$ 为单位颗粒质量的阻力(N);ρ_p 为颗粒的密度(kg/m³);μ 为流体的分子黏度(N·s/m²);$\vec{u_p}$ 为颗粒速度(m/s);$\vec{u}$ 为流体相速度(m/s);ρ 为流体密度(kg/m³);d_p 为颗粒直径(m)。

附加力项 $\vec{F}$ 还包括由于参考系的旋转而产生的对粒子作用的力。当对移动框架建模时,产生颗粒旋转力。对于围绕 z 轴定义的旋转,作用于笛卡尔 x 和 y 方向上的粒子上的力可以写为

$$\left(1 - \frac{\rho}{\rho_p}\right)\Omega^2 x + 2\Omega\left(u_{p,y} - \frac{\rho}{\rho_p}u_y\right) \tag{3.8}$$

$$\left(1 - \frac{\rho}{\rho_p}\right)\Omega^2 y - 2\Omega\left(u_{p,x} - \frac{\rho}{\rho_p}u_x\right) \tag{3.9}$$

式中:在笛卡尔 y 方向上的粒子和流体速度分别为 $u_{p,y}$ 和 u_y(m/s);笛卡尔 x 方向上的粒子和流体速度分别为 $u_{p,x}$ 和 u_x(m/s);Ω 为转速(r/min)。

模型出口直径为 2μm。颗粒和模型直径如图 3.4 所示。颗粒直径分布模型选用罗辛-拉姆勒模型。颗粒直径随机分为 5 种,但平均粒径 $D_p = 1/5 D_o$。计算步长设置为 0.005s。在

随后的模拟中,平均粒径、进口速度和其他因素对封堵效果的影响将在本书 3.4 节中进行计算和讨论。

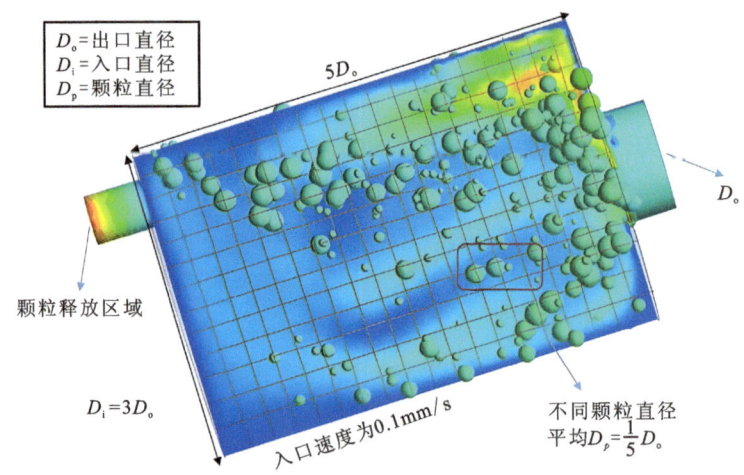

图 3.4　模型设置

DEM 颗粒追踪:在评估颗粒之间的碰撞时,直接计算涉及所有颗粒,计算量非常大,因为如果存在 N 个颗粒,每一步计算需要检查的计算量是 N^2。为了解决这一问题,建立一个合适的直角坐标网格(其中的网格细胞的边缘长度与直径最大的包裹的长度相当),然后只评价有碰撞的颗粒团(图 3.5 蓝色和绿色颗粒)。此方法可以减少计算量和内存使用量,加快计算速度且不会影响模拟结果。

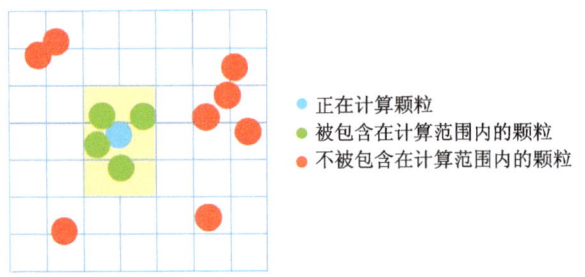

图 3.5　颗粒流计算评估

连续相和离散相之间的耦合:在耦合方法中,连续相流受离散相影响(反之亦然),可以交替计算连续相和离散相方程,直至得到收敛耦合解。当计算粒子的运动轨迹时,跟踪该轨迹上粒子流增加或损失的热量、质量和动量,这些量可以包含在随后的连续相位计算中(图 3.6)。因此,虽然连续相总是影响离散相,但也可以将离散相位轨迹的影响结合到连续相上。这种双向耦合是通过交替求解离散和连续相位方程来完成的,直到两相中的解决方案都停止变化。

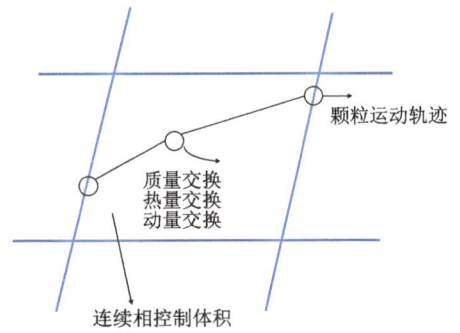

图 3.6　离散相和连续相之间的热量、质量和动量转移

第3章 纳米材料封堵岩石微纳米孔隙的数值模拟

首先是动量交换,通过检查颗粒在模型中通过每个控制体积时的动量变化,计算从连续相到离散相的动量变化。计算方程为

$$M = \sum \left(\frac{18\mu C_D Re}{\rho_p d_p^2 24}(u_p - u) + F_{other}\right)\dot{m}_p \Delta t \tag{3.10}$$

式中:M 为动量(kg·m/s);μ 为流体黏度(N·s/m^2);ρ_p 为颗粒密度(kg/m^3);d_p 为颗粒直径(m);Re 为雷诺数;C_D 为拖拽系数;u_p 为颗粒速度(m/s);u 为流体流速(m/s);F_{other} 为其他力(N);$\dot{m}_p$ 为颗粒质量流量(kg/s);Δt 为时间步长。

3.3.2 模型尺寸、物理特性、网格及碰撞属性

假设颗粒在孔中移动,当颗粒移动至较窄通道时将开始堆积。孔隙和颗粒的结构参数如表3.1所示。颗粒除了具有一定的平移速度外,还会发生碰撞和旋转,其迁移轨迹会随着流体的变化而变化。流体设定为水,颗粒设定为SiO$_2$。颗粒粒径不应太小,如果颗粒太小,不能完成累积。流体和颗粒的物理性质见表3.2。

表 3.1 孔隙和颗粒的结构参数

孔隙和颗粒参数	数值
孔隙长度/μm	10
孔隙直径/μm	6
孔隙出口直径/μm	2
颗粒释放区域/μm^2	1.4
不同尺寸的颗粒类型/种	5
平均颗粒直径/μm	0.4

表 3.2 流体(水)和颗粒(SiO$_2$)物理参数

物理特性	数值
流体密度/(kg·m^{-3})	998.2
流体速度/(mm·s^{-1})	0.1
流体黏度/(kg·m^{-1}·s^{-1})	0.001
导热系数/(W·m^{-1}·k^{-1})	0.6
分子质量/(kg·kmol^{-1})	18
温度/K	288.2
颗粒密度/(kg·m^{-3})	2200
分子质量/(kg·kmol^{-1})	60

网格主要分为两类:结构化网格和非结构化网格,后者是粒子碰撞部分和颗粒封堵部分。封堵部分更为关键,该区域的网格必须致密化。因此,模型采用 3 种尺寸的网格,网格依据颗粒的流动特性从稀疏到密集设计(图 3.7)。如果网格数量太多,计算时间会太长,而网格数量太少,计算结果将不准确。综合考虑上述两个因素,选择中等数量的网格(约 165 310 个网格)(表 3.3)。

表 3.3 边界、网格条件及碰撞设置

参 数	数 值
网格数量/个	165 310
网格类型/种	3
墙体类型	固定墙体
剪切状况	无滑移
出口压力/Pa	0
颗粒边界条件	反射
离散相位反射系数	0.5
弹簧-缓冲器常数	1000
黏着摩擦系数	0.5
滑动摩擦系数	0.2

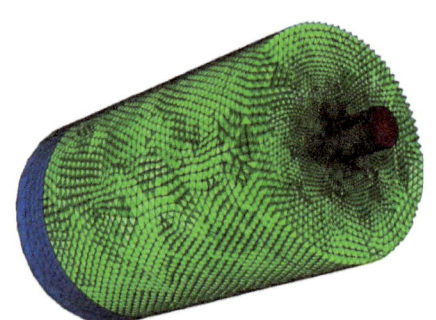

图 3.7 不同尺寸的网格设置

3.4 封堵效率影响规律研究

Kozeny-Carman 方程[234]被用于流体动力学领域,以计算流过固体填充床的流体的压降。该方程适用于层流,由 Kozeny 和 Carman 根据起点模拟填充床中的流体流动得出。

$$\frac{\Delta p}{L}=-\frac{150\mu}{\varphi_s^2 D_p^2}\frac{(1-\varepsilon)^2}{\varepsilon^3}v_s \qquad (3.11)$$

式中:Δp 为压降(Pa);L 为堆积区总高度(m);v_s 为表面速度(m/s);μ 为流体的黏度(Pa·s);φ_s 为填充床中颗粒的球形度,无量纲单位,完全球形时为 1;ε 为床的孔隙率;D_p 为颗粒的直径(m)。

颗粒流速为 0.1mm/s,黏度为 8.9×10^{-4} Pa·s。设置模型和颗粒浓度,监测出口压力损失,根据 Kozeny-Carman 方程,当平均封堵孔隙度为 0.5 时,达到相同颗粒堆积厚度时,压降为 53.4Pa。模拟计算过程中,监测到压降为 52.28Pa。释放不同浓度和不同大小的颗粒,封堵孔隙度不同,当达到相同堆积厚度时,监测出口的压降,结果显示计算压降与模拟压降大小一致(图 3.8)。模型与 Kozeny-Carman 方程在固体颗粒堆积的压力损失计算方面结果一致,证明了模型的可靠性。

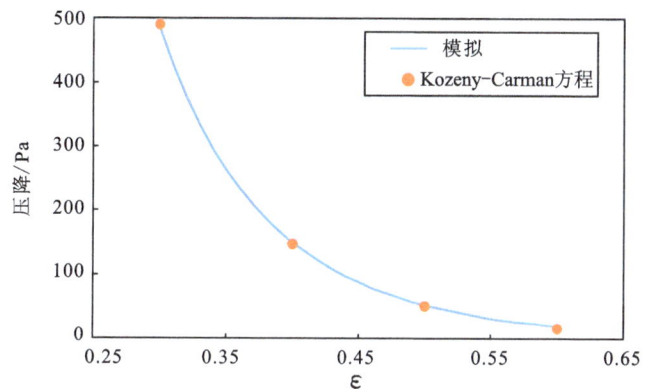

图 3.8 模拟数据与 Kozeny-Carman 方程计算数据的压降数据对比

图 3.9 为颗粒封堵孔隙过程图。不同计算时长下,孔隙出口正面基本被纳米颗粒封堵[图 3.9(g)]。颗粒随流体流动,颗粒之间、颗粒与壁面之间碰撞,颗粒在各种相互作用力下逐渐移动至出口,出口处的颗粒越来越多。当颗粒开始封堵时,由于封堵效应,出口处颗粒移动速度减慢。当封堵基本完成时,入口压力开始增加。

首先在初始位置释放颗粒,释放颗粒直径不同,随机分为 5 种,但颗粒平均直径可设定。当颗粒随流体进入孔道时,颗粒随流体向前移动,然后颗粒继续释放。当孔隙中颗粒逐渐增多时,颗粒之间会相互碰撞,颗粒与壁面也可发生碰撞。颗粒每一步运动的运动速度、运动轨迹和压力都会被系统记录,壁面压力同样会被记录。当封堵计算结束时,可使用图像后处理软件重现颗粒运动轨迹及其速度。从图 3.9 可以看出,由于颗粒释放区域在圆形孔道上方,大部分颗粒都碰撞到出口圆柱体上方,云图显示出口圆柱体上方为红色。但此时出口尺寸较入口尺寸更小,颗粒发生反弹后与后方颗粒碰撞,从而一起向出口方向移动,随着颗粒的不断增多,出口开始封堵。

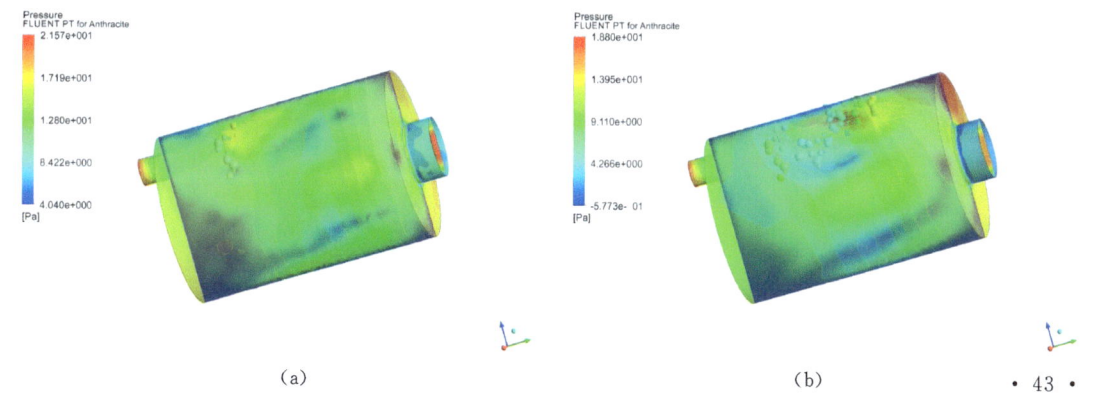

(a)　　　　　　　　　　　　(b)

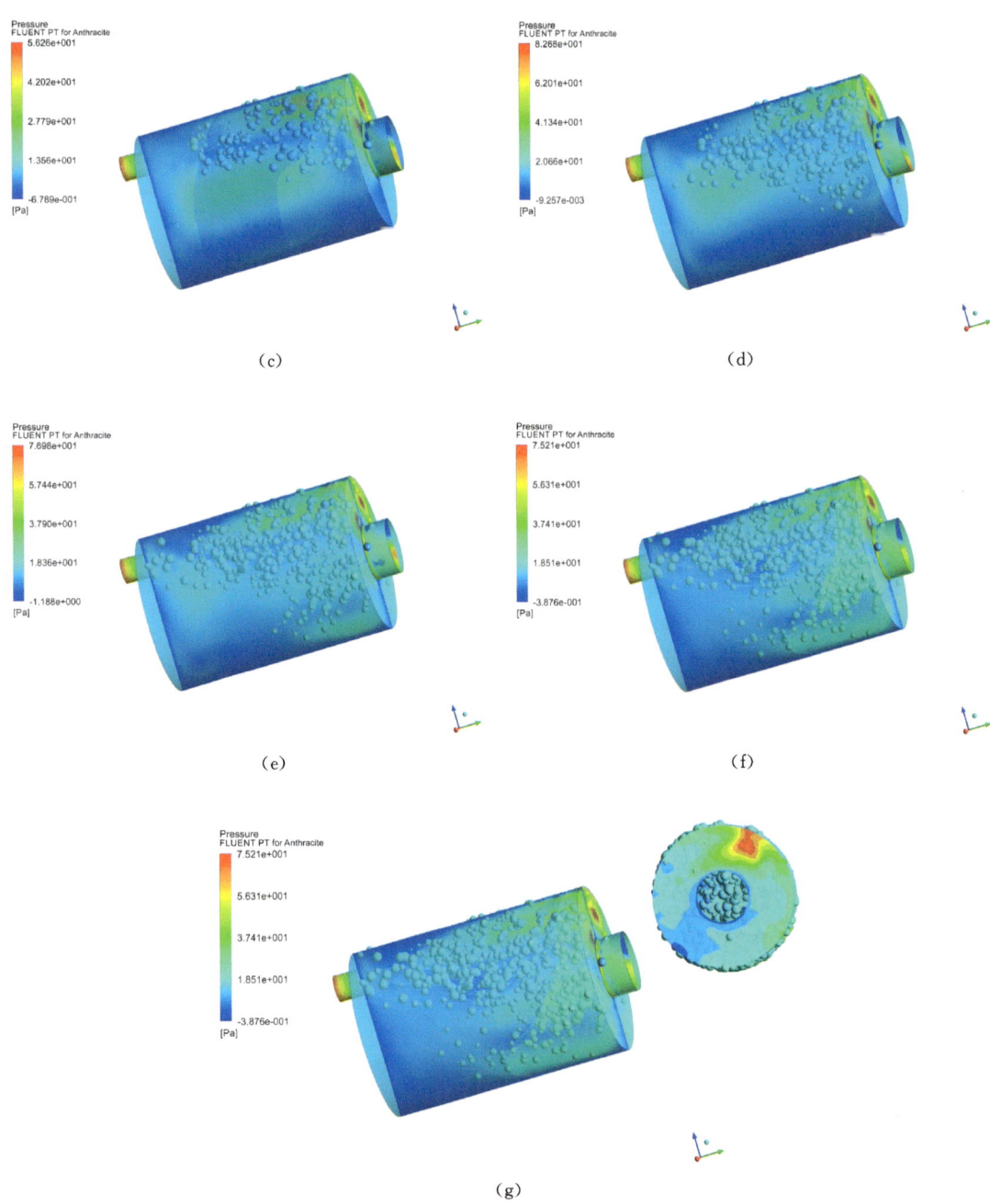

图 3.9 不同时间步骤的密封过程

(a)—(f)不同时间步骤的屏幕截图;(g)横截面;时间步长分别为 5、10、15、20、25、30

3.4.1 重力对颗粒封堵孔隙效率的影响

在微观孔隙中,重力对颗粒的影响,并不如在宏观体系中显著,此时重力并非作用于颗粒上的主要作用力。但是颗粒本身存在重量,重力可能会影响颗粒堆积过程。当不考虑重力时,颗粒缺少向下的力,颗粒之间的碰撞相应减少。由于模型本身的结构设计,其释放区域在孔道上方,因此当颗粒缺少向下的力时,不考虑重力的颗粒相对于考虑重力的颗粒,其运动轨迹更加偏向水平化,因此更加不利于封堵。假如模型将颗粒释放区域设置于孔道下方,在不考虑重力情况下,可能更易发生封堵。图 3.10 描述了颗粒密度对于出口封堵效果的影响,重力对封堵有益,但影响效果并不大。

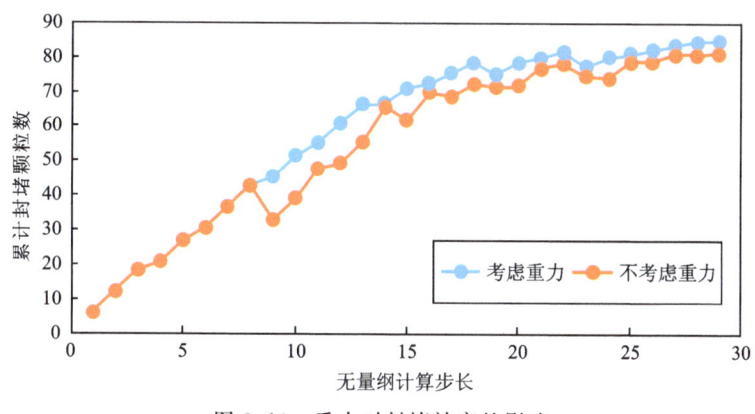

图 3.10 重力对封堵效率的影响

3.4.2 颗粒拖拽力对封堵孔隙效率的影响及其 UDF 模型

颗粒在流体中受拖拽力移动。假设颗粒为球体,因此无须考虑形状对拖拽力的影响。探究颗粒在微米和纳米孔隙中的流动时,颗粒对应的拖拽力公式与常规尺寸的不同。基于不同雷诺数对应的拖拽效率不同的原理,通过编写用户自定义函数(user defined function,UDF)改写颗粒拖拽力修正公式,重新定义颗粒在孔隙中的移动规律。

为保证合理性,并未直接使用标准颗粒拖拽曲线,而是基于对球体颗粒可用数据的筛选与验证,使用修正版本的拖拽曲线,修正拖拽力公式的基本原理为

$$\vec{F} = \frac{18C_D Re}{24} \tag{3.12}$$

式中:C_D 为阻力系数,Re 为雷诺数。

UDF 为用户自己编写具有特殊功能的函数,通常假设功能被构建到程序或环境中(表 3.4)。采用 UDF,对于 $Re < 0.01$,通过实验验证,Oseen 结果更加可靠。方程 B 最初由 Beard 提出,它适合于 Pruppacher 和 Steinberger 的两组特定数据[235-236]。

表 3.4 不同雷诺数下的拖拽力修正公式

范围	修正公式
$Re < 0.01$	$C_D = \dfrac{3}{16} + \dfrac{24}{Re}$
$0.01 < Re \leqslant 20$	$\lg\left[\dfrac{C_D Re}{24} - 1\right] = -0.881 + 0.82w - 0.05w^2$ $C_D = \dfrac{24}{Re}[1 + 0.1315 Re^{(0.82-0.05w)}]$
$20 \leqslant Re \leqslant 260$	$\lg\left[\dfrac{C_D Re}{24} - 1\right] = -0.7133 + 0.6305w$ $C_D = \dfrac{24}{Re}[1 + 0.1935 Re^{0.6305}]$

注:$w = \lg Re$。

3.4.3 颗粒与出口尺寸比率对封堵效率的影响

设置颗粒浓度为5wt%,改变颗粒与出口尺寸比率,观察颗粒封堵页岩孔隙状况。需要注意的是,释放颗粒尺寸均不能大于出口尺寸,当含有较大尺寸颗粒时,其模拟结果与模型设置结果会有较大出入。因为一个较大尺寸的颗粒,特别是大于出口尺寸的颗粒,一个颗粒即可封堵孔隙,其他小颗粒在封堵效果方面作用几乎为零,因此也不存在颗粒堆积过程,小颗粒之间的碰撞只是改变小颗粒的运动轨迹,并没有提升封堵效率。如图 3.11 所示,颗粒越大,随着计算时间的延长,颗粒累计堆积数越多。当颗粒到达出口时,颗粒大小对于堆积效果影响并不明显,但随着堆积时间的延长,堆积效果逐渐显现。在颗粒增大 33% 和 60%,但其尺寸未超过出口尺寸的情况下,颗粒堆积效果增加 13% 和 23%。

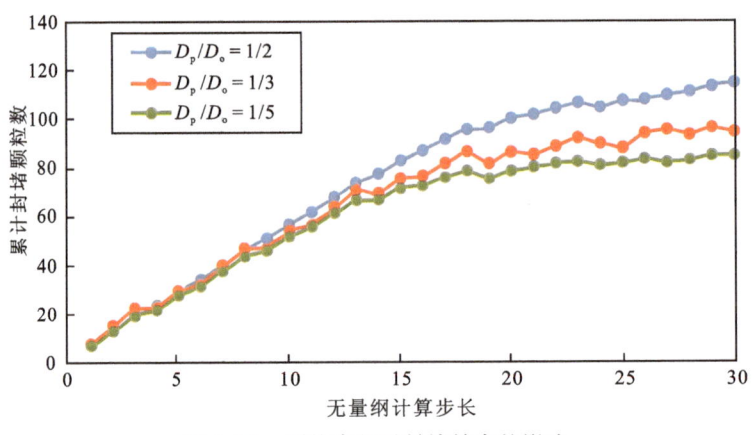

图 3.11 颗粒直径对封堵效率的影响

3.4.4 颗粒入口速度对封堵效率的影响

通常,在固定时间和固定浓度情况下,更大的颗粒流速意味着更多的颗粒通过孔道收缩部分。实验结果表明,随着通过收缩部位颗粒数量的增加,封堵的可能性也会增加[237-239]。固定时间内无法分辨颗粒速度对封堵效率的影响,还须保证进入孔道的颗粒数一致。尽可能使用低浓度颗粒来探究颗粒速度对封堵效率的影响。如果颗粒浓度过高,封堵过程会非常快,颗粒速度对封堵效率的影响不易确定。颗粒速度不可设置过快,如果颗粒速度过快,会导致在计算时间内颗粒全部逃离出口。同时,颗粒速度过快导致计算体系发生改变,颗粒碰撞的计算也会被相应忽略。第一种方法为设置合适的颗粒速度和时间步长,颗粒速度不可太慢,如果把颗粒尺寸降至微米级,会导致计算结束后,颗粒还未发生过碰撞。还有一种方法为降低颗粒速度,但需要增加两倍数量级的运动时间,对于颗粒碰撞及其流体运动类计算量较大的模拟,会成倍增加计算时间和占用计算机内存,因此采用第一种方法更为合理。

结果表明并非总是颗粒速度越快,封堵效率越高(图 3.12)。因为颗粒相对于出口和微尺度的影响较小。颗粒速度越快,就越有可能冲出出口。针对此模型设置,0.5mm/s 为颗粒封堵的最优速度值,当颗粒、孔道及其出入口条件改变时,须重新计算,确定最优速度值。因此,此模型的优势为当任意改变所处条件时,都可在较短时间内获得相应的最优解。但如果进行物理实验,财力和物力消耗会非常大,同时进行微米及纳米级物理实验难度很大且不易成功。

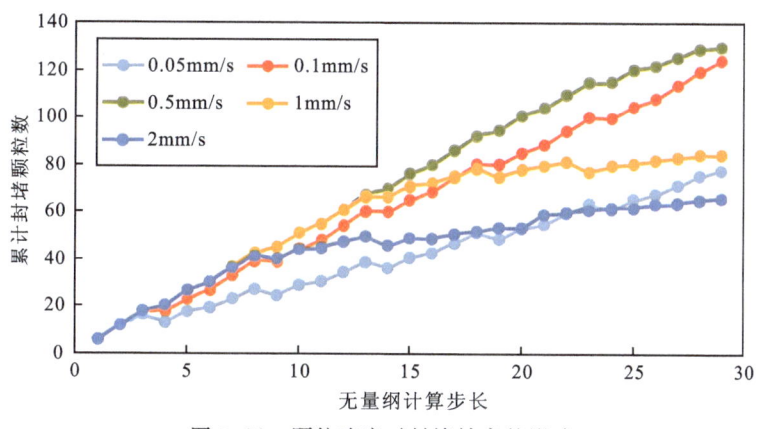

图 3.12 颗粒速度对封堵效率的影响

3.4.5 颗粒浓度对封堵效率的影响

不可避免的是,模型结构的改变会影响封堵效率,若增大出口尺寸,则需要更高的颗粒浓度。释放的颗粒浓度分别设置为 1wt%、5wt% 和 11wt%。11wt% 和 5wt% 的颗粒浓度相对于 1wt% 颗粒浓度封堵效率提高 74.78% 和 50%(图 3.13)。

低浓度纳米颗粒不能架桥,或者架桥并不稳定,虽然可形成封堵,但是大量颗粒会通过出口,且低浓度架桥所需时间更久。但浓度也不可设置过高,当纳米颗粒浓度过高时,封堵效率几乎一致,不能分辨颗粒浓度对封堵效率的影响。

对于要快速封堵的大裂隙,为防止漏失,可使用高浓度纳米颗粒。但是对于页岩来说,其水化过程本身较长,在浸泡过程中通过CT扫描发现,对页岩造成25%伤害需要15d[240-241]。对页岩微米和纳米孔隙的封堵不需要迅速完成,这为低浓度纳米颗粒封堵提供了条件和可行性。因此可根据工程技术问题的具体要求,来选择合适的颗粒封堵浓度。当需要快速封堵页岩孔隙,或者急需加强储层保护时,可选择高浓度纳米颗粒。本次模拟结果提供了高浓度纳米颗粒封堵效率与低浓度纳米颗粒封堵效率的比值。

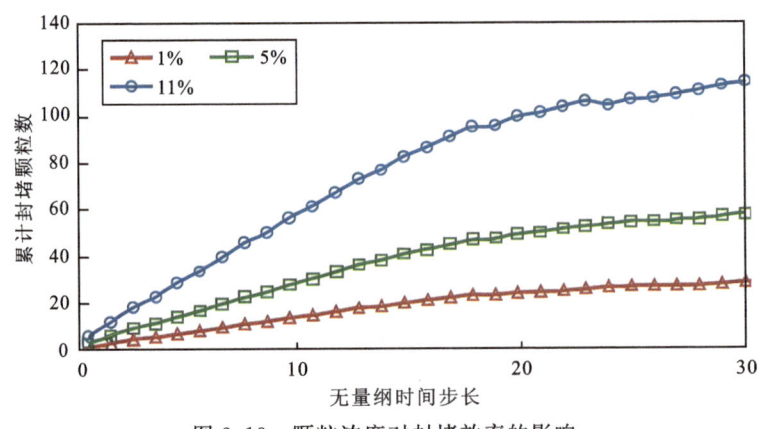

图 3.13 颗粒浓度对封堵效率的影响

3.4.6 颗粒释放模型对封堵效率的影响

将颗粒大小设置为出口直径的 1/2,尝试不同颗粒释放模式,分别为单一尺寸颗粒释放模式和多种尺寸颗粒释放模式,但颗粒平均直径相同。多种颗粒尺寸模式下,颗粒为球体,共释放 10 种直径不同的颗粒。

图 3.14 显示了多种尺寸颗粒释放模式下的颗粒封堵效果。当颗粒开始封堵时,单一尺寸颗粒释放模式颗粒积累速度更快,因为单一尺寸颗粒释放模式相对于多种尺寸颗粒释放模式,其大颗粒更多,封堵的颗粒更多,而多种尺寸颗粒释放模式中的小颗粒在封堵初期都已漏失。随着封堵的进行,多种尺寸颗粒释放模式的封堵速度反而加快,这是由于随着大颗粒开始封堵出口,小颗粒可以填充大颗粒之间的孔隙,使得封堵效果进一步提高。

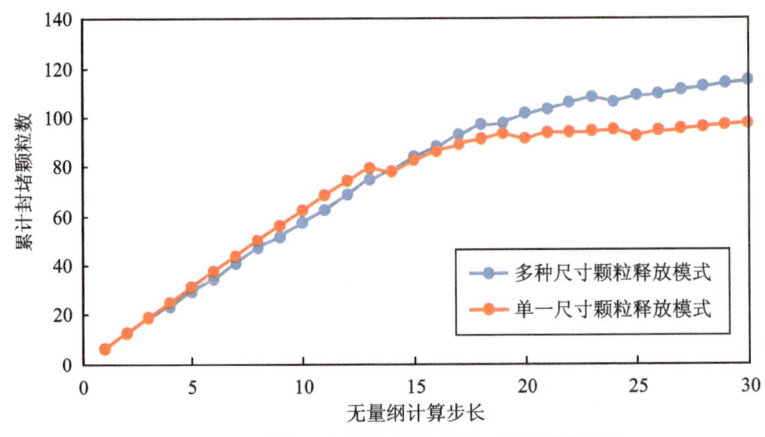

图 3.14 不同尺寸颗粒释放模式下的封堵效果

3.4.7 颗粒密度对封堵效率的影响

若考虑重力存在的情况,改变颗粒密度,颗粒所受的重力不同,颗粒整体所受的力也不同,对封堵效果也会产生影响。由于模型本身的结构设计,其释放区域在孔道上方,因而当颗粒缺少向下的力时,低密度的颗粒相对于高密度的颗粒,其运动轨迹更加偏向于水平化,更加不利于封堵。假如模型设置为颗粒释放区域位于孔道下方,在考虑重力的情况下,低密度颗粒可能更易实现封堵。

颗粒密度对颗粒在孔隙中的分布有影响,但在此模型设置条件下,并非颗粒密度越大,封堵效率越高(图 3.15)。颗粒重力太大,使得颗粒大多集中在孔喉下部,也不利于封堵。

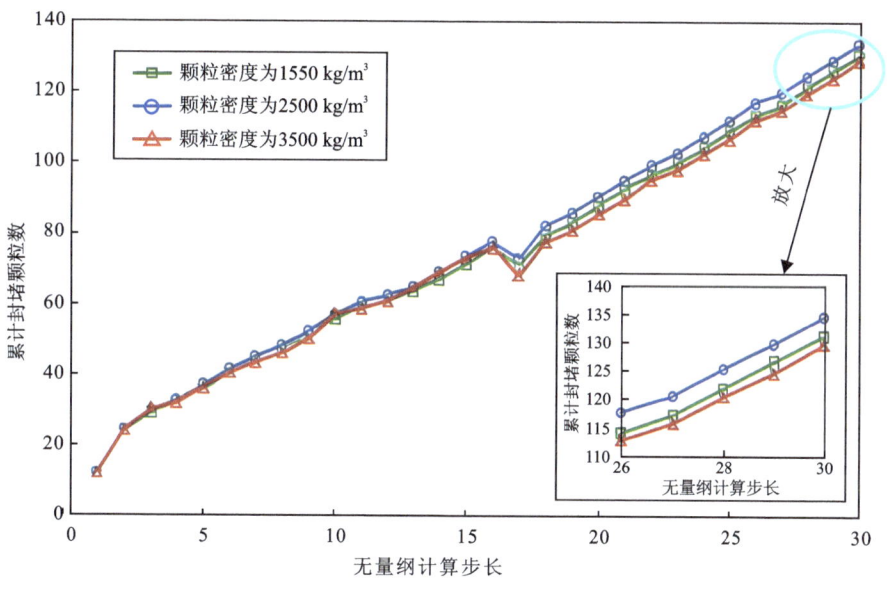

图 3.15 不同颗粒密度对封堵效率的影响

3.4.8 颗粒旋转对封堵效率的影响

研究颗粒旋转对封堵效率的影响,颗粒大小为 $1/2D_0$。颗粒在运动过程中发生旋转,颗粒旋转可以对流体中运动颗粒的轨迹产生重大影响。对于具有高转动惯量的大和/或重的颗粒,其影响更加明显。在这种情况下,如果在仿真研究中不考虑颗粒旋转,则所得颗粒移动轨迹可能与实际轨迹不同[242-243]。

颗粒旋转虽然对封堵有一定的影响,但影响非常小,为 0.99%(图 3.16)。模拟实验结果表明,颗粒旋转对颗粒移动轨迹影响较大,但对封堵效率影响较小。其主要原因在于颗粒尺寸较小,属于微米级。当颗粒较大时,颗粒旋转对颗粒移动影响会很大,封堵效果也会有质的提升。

3.4.9 颗粒形状对封堵效率的影响

当颗粒并非球形时,需要处理的接触力会更加复杂。目前已经提出了两种方法来处理颗粒形状的不规则性。一种是将非球形颗粒模拟为球形颗粒的集合。该方法的优点在于它可

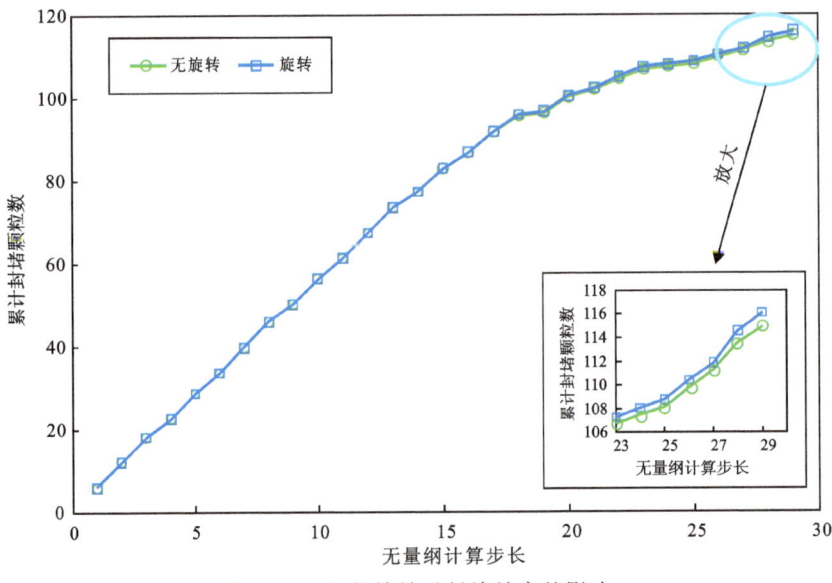

图 3.16 颗粒旋转对封堵效率的影响

用于处理形状非常复杂的颗粒,并且仅需要球形颗粒的接触模型。另一种方法是使得颗粒具有给定的形状,例如椭球、多面体和圆柱体,并通过求解基础数学方程来确定两个这样的相邻颗粒之间是否存在接触。DEM 模型采用第一种方法。

形状因子(θ)定义为

$$\theta = \frac{s}{S} \tag{3.13}$$

式中:s 为球体的表面积(m^2);S 为颗粒的实际表面积(m^2)。

当 θ 较大时,颗粒往往呈球形。颗粒形状越不规则,封堵效率越高(图 3.17)。当形状因子为 0.25 时,封堵效率比圆球颗粒封堵效率高 13.92%。当形状因子为 0.5 和 0.75 时,颗粒封堵效率基本相同。模拟实验结果表明,颗粒形状对封堵效率影响较小,主要原因在于颗粒较小,属于微米级尺寸,当颗粒较大时,颗粒形状对颗粒运行影响会很大,封堵效果也会有质的提升。

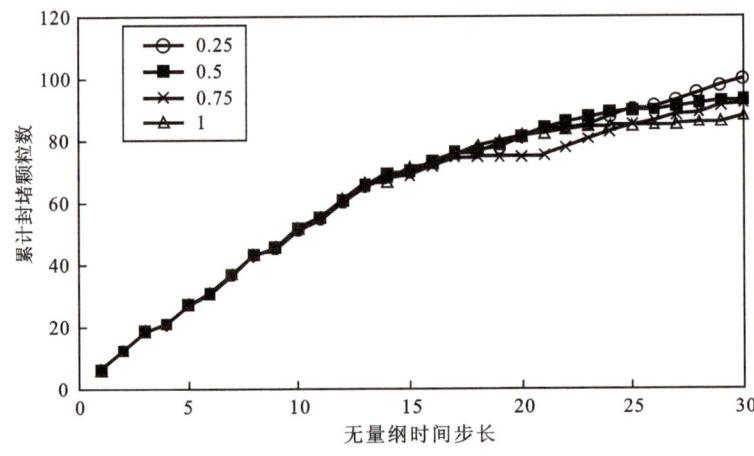

图 3.17 颗粒形状对封堵效率的影响

3.4.10 颗粒粗糙度和孔隙粗糙度对封堵效率的影响

颗粒粗糙度和孔隙粗糙度都会影响颗粒封堵效率。图 3.18 和图 3.19 分别为颗粒粗糙度与孔隙粗糙度对颗粒封堵效率的影响结果。粗糙度的表示方法有很多种,本节只介绍一种,即通过表面凸起部分高度来表示粗糙度。粗糙度同时涉及凸起之间的距离等因素,模型中并未一一涉及。但当有固定实例时,上述所介绍的不同粗糙度系数都可单独设定,或同时设定。

壁面粗糙度 Ra 定义为

$$Ra = \frac{1}{L} \int_0^L |y(x)| \, dx \tag{3.14}$$

式中:L 为采样长度(m);y 为表面高度(m);x 为水平距离(m)。

颗粒粗糙度可以提高封堵效率,但是颗粒尺寸对封堵效率的影响很小。研究 Ra 为 1% 和 5% 对封堵效率的影响,其封堵效率几乎与 Ra 为 3% 的结果相同。由于颗粒本身尺寸相对于孔道尺寸非常小,当颗粒粗糙度为颗粒尺寸的 1% 或 5% 时,其对于封堵效率的影响微乎其微。

同时,模拟计算孔隙粗糙度对颗粒封堵效率的影响(图 3.19)。结果显示孔隙粗糙度对封堵效率的影响大于颗粒粗糙度。原因是颗粒本身尺寸较小,对封堵效率影响也较小,而孔隙尺寸的 1/10,都比颗粒尺寸要大很多,对颗粒流动以及颗粒-壁面碰撞的影响更大。Ra 为 3% 的粗糙度比光滑孔的粗糙度高 20.82%。

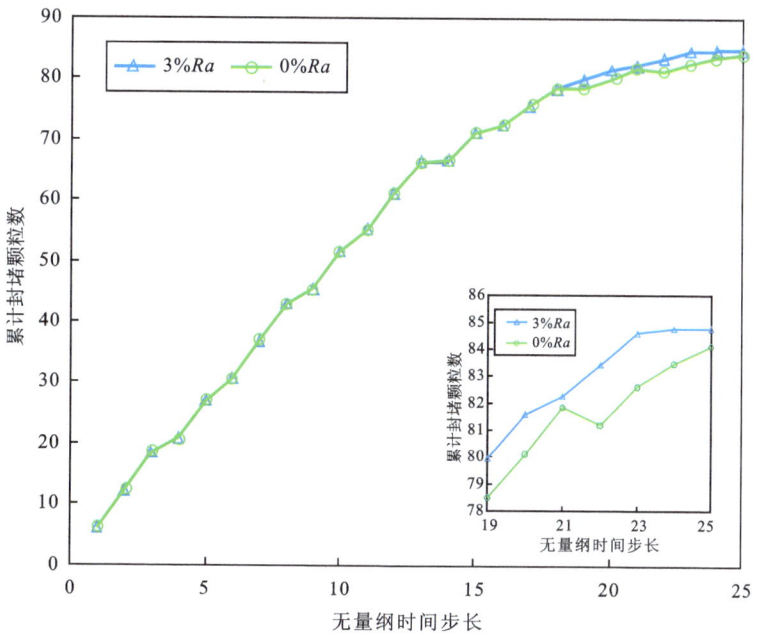

图 3.18 颗粒粗糙度对封堵效率的影响

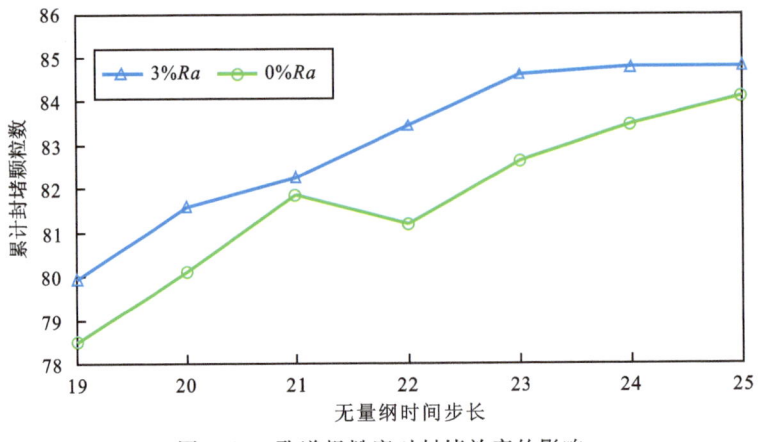

图 3.19 孔道粗糙度对封堵效率的影响

3.4.11 孔道曲折度对模型效率的影响

模型包含两种曲折度,第一种模型含有一个弯道,第二种模型含有两个弯道,两种模型长度相同,孔道半径和出口半径全部一致,释放颗粒的物理属性也完全相同(图 3.20)。设置孔道曲折度可提升封堵的效率和效果,曲折越多意味着封堵越多(图 3.21)。同时从图 3.21 中可以看出,具有双曲折度的孔道相对于直线孔道,颗粒更晚封堵出口,随着封堵的进行,出口处颗粒慢慢增加直至超过直线孔道的颗粒封堵量。双曲折度孔道相对于直线孔道,其封堵效率高出 12%。

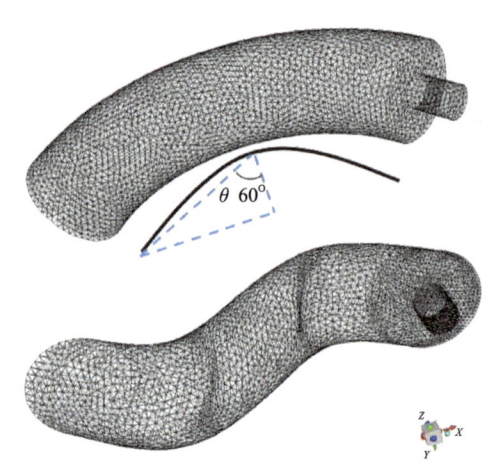

图 3.20 孔道曲折度模型

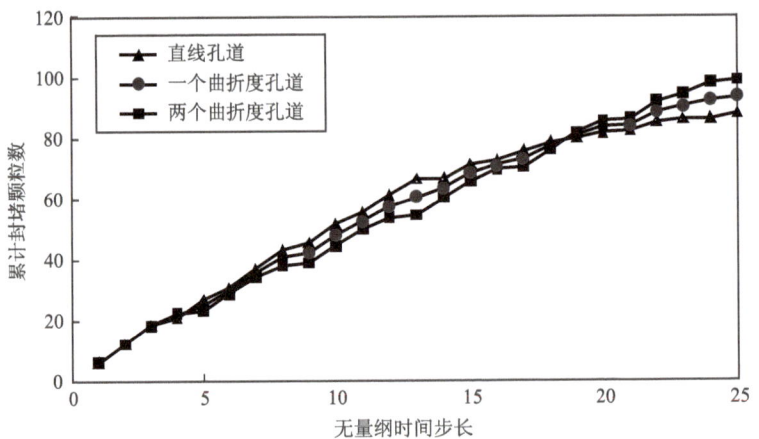

图 3.21 孔道曲折度对封堵效率的影响

3.5 实验验证

大多数纳米颗粒封堵页岩孔隙实验可以证明纳米材料能够封堵页岩孔隙。但目前鲜有对比不同颗粒参数对于封堵效率的实验相关的文献。只能查到不同尺寸的纳米颗粒或者不同浓度的纳米颗粒封堵页岩孔隙效率的对比实验,通过对比实验数据与计算模拟数据,来验证模拟结果的可靠性。模拟数据都是不同参数条件下封堵趋于稳定时的数据,而非封堵开始时的数据。目前已实施的纳米颗粒封堵页岩孔隙对比实验主要分为两项,一项为纳米颗粒浓度对页岩孔隙封堵效果实验,一项为不同尺寸的纳米颗粒封堵页岩孔隙效果实验。

3.5.1 纳米颗粒浓度实验验证

首先介绍不同浓度纳米颗粒封堵页岩孔隙实验,实验内容为不同浓度纳米颗粒溶液对于页岩的吸水性能对比。通过在25℃下测试暴露于不同流体的页岩的吸入量来进行自发吸入实验,沿相同的层面钻出的页岩被悬挂在天平下方,利用自动吸液仪的数据采集系统记录随着时间的推移吸液量的变化。

众所周知,封堵颗粒数量越多,能够渗透进页岩的水越少,吸水率越低。

对比水基钻井液(WBDF)+10wt%NPs vs 水基钻井液(WBDF)、水基钻井液(WBDF)+5wt%NPs vs 水基钻井液(WBDF)、水基钻井液(WBDF)+10wt%NPs vs 水基钻井液(WBDF)+5wt%NPs,研究不含纳米颗粒溶液以及含纳米颗粒但浓度不同的溶液对于封堵效率的影响。对比图3.22可知,吸水变化量与封堵颗粒变化量一致,实验数据和模拟计算数据是相对应的。

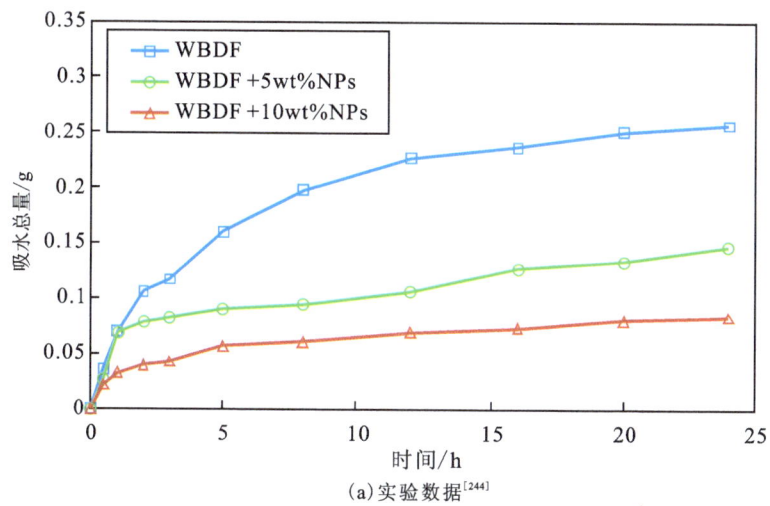

(a) 实验数据[244]

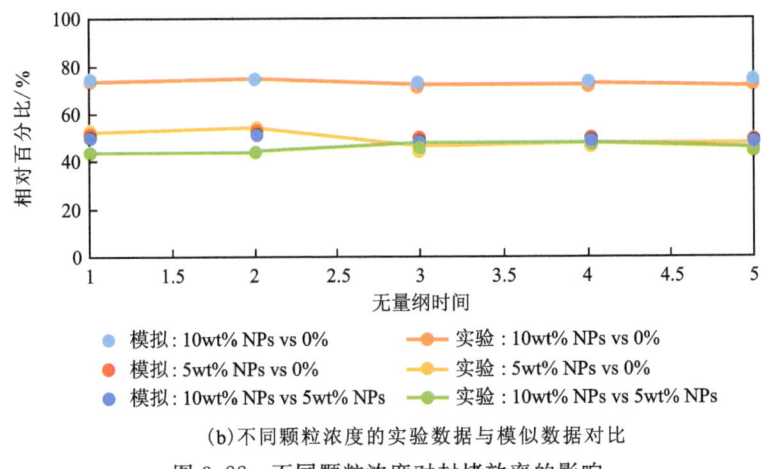

(b)不同颗粒浓度的实验数据与模拟数据对比

图 3.22　不同颗粒浓度对封堵效率的影响

3.5.2　纳米颗粒尺寸实验验证

Moslemizadeh 和 Shadizadeh[245]研究了直径为 10nm 和 25nm 的颗粒对 Kazhdumi 页岩的水侵入的影响。当浓度低于 5wt％时，直径为 10nm 的颗粒封堵时间为 25.5h，而直径为 25nm 颗粒封堵时间为 20h，封堵效率变化率为 21.46％。表 3.5 显示了当大颗粒直径为小颗粒直径的 2.5 倍时，封堵效率变化率为 23％。同时，实验显示，当颗粒浓度为 5wt％时，直径为 10nm 颗粒封堵流体侵入量减少率为 16.86％，而直径为 25nm 颗粒封堵流体侵入量减少率为 39.49％，封堵效率提升 22.63％。

表 3.5　不同颗粒尺寸对封堵效率影响对比表

设置	参数	数据	变化率/％ （大颗粒 vs 小颗粒）
实验 5wt％,10nm 5wt％,25nm	封堵时间/h	25.5 20	21.46
	流体浸入减少率/％	16.86 39.49	22.63
模拟 5wt％,1/5D_0 5wt％,1/2D_0	累计封堵颗粒数（图 3.11）		23

注：大尺寸颗粒直径为小尺寸颗粒直径的 2.5 倍。

但是，如果要实现全尺度模拟并了解时间效应对封堵效率的影响，需要考虑页岩水化效应、离子运移、压力、膜效率、页岩孔隙度和矿物成分等因素，因此实现完全模拟几乎是不可能的。模拟计算可以提供一种模型，针对不同颗粒设置参数及孔道特征，在微观尺度下，为确定纳米或微米颗粒封堵孔隙效率提供参考。

3.5.3　SEM 测试

对龙马溪组页岩进行压力传递实验。上游和下游压力差为 1.5MPa，使含纳米颗粒的溶液接触页岩，然后通过 SEM 观察页岩表面的颗粒封堵孔隙状况。图 3.23 显示纳米 SiO_2 分散液与页岩接触并附着在页岩表面或进入页岩孔隙。当进行 SEM 测试时，纳米颗粒分散液中的水分已经蒸发，纳米颗粒固结在一起，观察到纳米颗粒稳定地附着在页岩表面并封堵了孔隙。图中标注了颗粒团状直径、纳米级孔隙直径以及纳米颗粒的尺寸。结果显示，纳米级颗粒通过堆积可以封堵更大尺寸的纳米级孔隙。

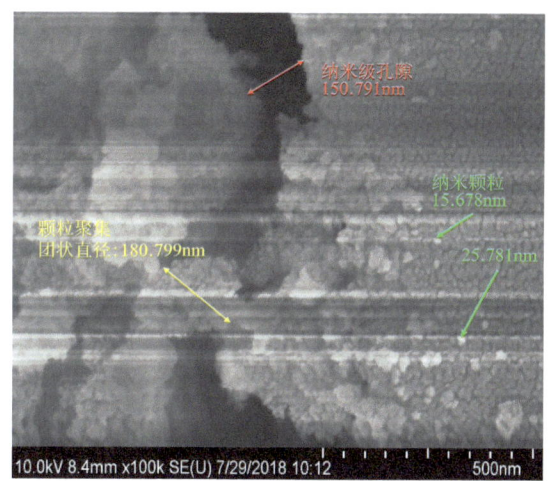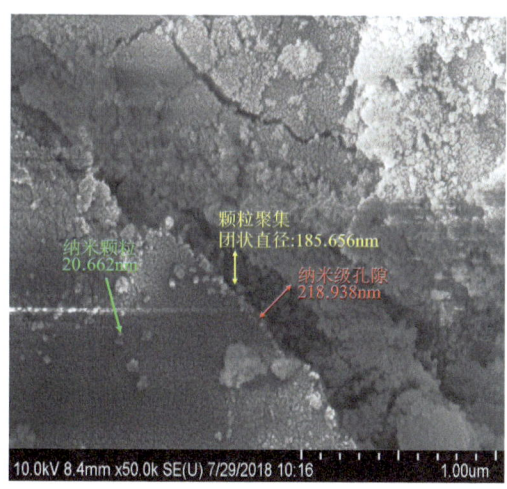

图 3.23　纳米颗粒聚集封堵页岩孔隙 SEM 图像

第4章 盐溶液影响页岩渗流过程、膜效率和润湿性研究

当钻进页岩地层时,盐水基钻井液有助于减少井壁坍塌问题。本章将研究不同类型、不同浓度盐溶液与页岩接触时对渗流过程、膜效率和润湿性的影响规律及作用机理,据此提出盐水基钻井液水活度最优设计指导原则,为后期钻井液体系研发提供理论基础。

4.1 实验材料及仪器

主要实验仪器:FA1004电子天平、GJD-B12K高速搅拌机、OFITE滚子加热炉、Novasina水分活度仪、HKY-3页岩压力传递实验装置、XRD衍射实验仪和原子力显微镜(AFM)。

盐:氯化钠(NaCl)、氯化钾(KCl)、氯化钙($CaCl_2$)、甲酸钠(HCOONa)、甲酸钾(HCOOK)。浓度:5wt%、10wt%和20wt%。测试不同浓度盐溶液的水活度,水活度参数见表4.1。由此可以看出,对于同一类型盐溶液,随着浓度的升高,盐溶液的水活度逐渐降低。但是浓度相同,不同类型的盐溶液所对应的水活度不同,且无固定规律。

表 4.1 不同类型、不同浓度盐溶液的水活度参数

盐溶液	5wt%	10wt%	20wt%
NaCl	0.977	0.945	0.879
KCl	0.984	0.952	0.923
$CaCl_2$	0.992	0.961	0.881
HCOONa	0.977	0.954	0.908
HCOOK	0.98	0.959	0.913

4.2 盐溶液对人造页岩渗流过程的影响规律

为保证页岩样品的一致性,首先测试页岩样品初始气体渗透率,保证人工页岩初始气体渗透率基本一致,从而保证实验结果的可靠性。表4.2为页岩样品的初始渗透率数据,可以

看出页岩样品的初始气体渗透率在同一个数量级,误差范围可接受。

表 4.2 页岩样品初始气体渗透率

页岩编号	待测溶液	页岩初始气体渗透率/mD
1	水	0.031
2	5wt% NaCl	0.03
3	10wt% NaCl	0.039
4	20wt% NaCl	0.059
5	5wt% KCl	0.025
6	10wt% KCl	0.053
7	20wt% KCl	0.05
8	5wt% CaCl$_2$	0.032
9	10wt% CaCl$_2$	0.061
10	20wt% CaCl$_2$	0.047
11	5wt% HCOONa	0.019
12	10wt% HCOONa	0.034
13	20wt% HCOONa	0.028
14	5wt% HCOOK	0.027
15	10wt% HCOOK	0.063
16	20wt% HCOOK	0.056

4.2.1 渗流过程测试理论基础

泥页岩孔隙为纳米级尺寸,水进入页岩孔隙难度较大,这有利于井壁稳定。但页岩的水化特性,使得页岩孔隙接触水分子后,发生水化导致井壁失稳。因此需要进一步增加水分子进入页岩孔隙的难度,如利用盐溶液,在页岩两侧形成化学势差,使水分趋于远离页岩。

对于渗透率极低的泥页岩地层,渗透率可通过达西定律和压力扩散方程求解[14]。其计算公式为

$$K = \frac{\mu \beta V l}{A} \frac{\Delta \ln[(P_m - P_o)/(P_m - P_{(l,t)})]}{\Delta t} \tag{4.1}$$

式中:Δt 为时间差(s);$P_{(l,t)}$ 为岩样下端 t 时刻压力(MPa);P_o 为泥页岩孔隙压力(MPa);P_m 为岩心上端流体压力(MPa);A 为岩心的横截面积(cm^2);l 为岩心长度(cm);V 为岩心下端密闭流体体积(假设上端流体体积无限大)(cm^3);β 为流体静态压缩率(10MPa^{-1});μ 为流体

的黏度(mPa·s);K 为泥页岩的渗透率(μm^2)。

4.2.2 渗流过程实验程序及方法

采用不同人工页岩样品进行实验,待测盐溶液对应的页岩编号如表 4.2 所示。由于泥页岩渗透率极低,普通渗透率测试仪器在密封性和尺寸压力方面达不到测试要求,不能使得溶液从页岩顶端渗透至页岩底端。使用 HKY-3 页岩压力传递实验装置进行压力传递实验,可达到良好的实验效果,实验结束后,页岩并未出现断裂,同时围压一直保持远高于上游压力,可保证测试溶液全部从页岩顶端流至页岩底端。图 4.1 为实验装置流程图,其设计原理为:在一定围压下,给予一定的上游压力,保持上游压力高于下游压力,通过装置的管线和压力控制系统,测试溶液从页岩上游向下游渗透,在此过程中上游压力大小可通过平流泵控制且可基本保持不变,同时电脑记录压力传递数据。当下游压力与上游压力相等时,压力传递实验结束,围压范围为 0~30MPa,上游压力范围为 0~20MPa,可根据实验要求、页岩强度等设置实验参数。

采用压力传递实验装置,针对不同浓度和不同类型盐溶液进行压力传递实验,盐类型为 5 种,分别为 NaCl、KCl、$CaCl_2$、HCOONa 和 HCOOK;浓度分别为 5wt%、10wt% 和 20wt%,围压设置为 3.5MPa,上游压力为 2.5MPa,分别测量不同浓度和不同类型盐溶液的页岩渗流过程。图 4.1 为实验装置流程图,图 4.2 为数据记录界面。

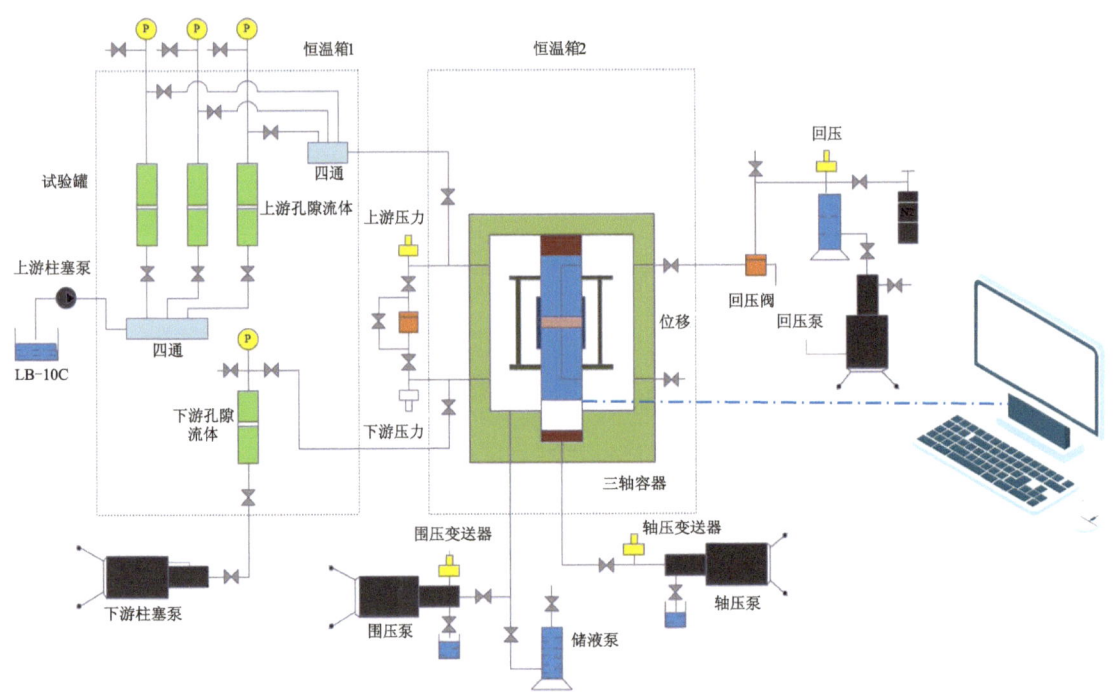

图 4.1 压力传递实验装置流程图

实验流程　压实测试数据　OTP/HTP测试数据　数据曲线

时间	秒数/s	轴压/MPa	围压/MPa	回压/MPa	上游压力/MPa	下游压力/MPa	差压/MPa	模型温度/℃
2015/7/30 15:29:0	0	-.01	3.68	2.68	2.34	0	2.29	27.5
2015/7/30 15:30:0	60	0	3.67	2.68	2.37	.01	2.32	27.5
2015/7/30 15:31:0	121	0	3.65	2.68	2.38	.01	2.33	27.6
2015/7/30 15:32:0	181	0	3.66	2.69	2.37	.01	2.34	27.6
2015/7/30 15:33:0	241	0	3.66	2.68	2.37	.01	2.33	27.7
2015/7/30 15:34:0	301	0	3.66	2.68	2.36	.01	2.33	27.6
2015/7/30 15:35:0	361	-.01	3.67	2.68	2.38	-.01	2.33	27.5
2015/7/30 15:36:0	421	0	3.65	2.67	2.39	0	2.34	27.5
2015/7/30 15:37:0	481	-.01	3.66	2.67	2.39	-.01	2.34	27.7
2015/7/30 15:38:0	541	0	3.64	2.67	2.39	0	2.34	27.7
2015/7/30 15:39:0	601	0	3.65	2.68	2.38	.01	2.34	27.7
2015/7/30 15:40:0	661	0	3.64	2.67	2.39	0	2.34	27.7
2015/7/30 15:41:0	721	-.01	3.65	2.68	2.37	.01	2.33	27.8
2015/7/30 15:42:0	781	-.01	3.66	2.68	2.37	.02	2.33	28
2015/7/30 15:43:0	841	-.01	3.65	2.68	2.36	.02	2.32	28.1
2015/7/30 15:44:0	901	-.01	3.63	2.67	2.37	0	2.32	28.1
2015/7/30 15:45:0	961	0	3.65	2.67	2.35	0	2.31	28
2015/7/30 15:46:0	1021	0	3.66	2.68	2.35	.01	2.3	27.9
2015/7/30 15:47:0	1081	0	3.64	2.67	2.35	0	2.3	27.8
2015/7/30 15:48:0	1141	0	3.65	2.67	2.35	0	2.3	27.6
2015/7/30 15:49:0	1201	-.01	3.64	2.67	2.35	.01	2.3	27.5
2015/7/30 15:50:0	1261	-.01	3.65	2.67	2.36	0	2.31	27.4
2015/7/30 15:51:0	1321	-.01	3.63	2.67	2.37	.02	2.32	27.4
2015/7/30 15:52:0	1381	-.01	3.63	2.67	2.38	.01	2.33	27.4
2015/7/30 15:53:0	1441	-.01	3.64	2.67	2.39	0	2.34	27.4
2015/7/30 15:54:0	1501	-.01	3.62	2.67	2.4	.02	2.35	27.4
2015/7/30 15:55:0	1561	-.01	3.63	2.67	2.41	0	2.35	27.3
2015/7/30 15:56:0	1621	0	3.65	2.66	2.41	.02	2.37	27.3
2015/7/30 15:57:0	1681	0	3.65	2.66	2.41	.02	2.37	27.2
2015/7/30 15:58:0	1741	-.01	3.62	2.67	2.42	0	2.36	27.2
2015/7/30 15:59:0	1801	-.01	3.61	2.67	2.42	0	2.36	27.2
2015/7/30 16:00:0	1861	0	3.64	2.66	2.39	.02	2.35	27.2
2015/7/30 16:01:0	1921	-.01	3.64	2.66	2.39	.01	2.34	27.2
2015/7/30 16:02:0	1981	0	3.64	2.66	2.38	.02	2.34	27.2
2015/7/30 16:03:0	2041	0	3.63	2.66	2.36	.02	2.32	27.3

图 4.2　压力传递实验数据记录界面

4.2.3　人工页岩渗流过程数据分析

数据采集的时间周期为 1min，对于实验效果较好的盐类，人工页岩采集时间可达 20～30h，存在大量数据，为体现每分钟的压力变化，采用 Origin 作图，对比同种盐类不同浓度盐溶液的渗流过程，得出取得页岩压力传递最佳效果的盐类及其浓度。

图 4.3 为人工页岩样品压力传递实验前后效果图。如图 4.3 所示，页岩样品完好无损，可保证待测溶液完全从页岩样品顶端渗透至页岩样品底端，而并非因页岩破碎或者严重水化，导致变形而从页岩两侧流入底端。实验前将页岩置于烘箱中烘干 6h，保证页岩样品完全干燥，没有其他液体对其造成影响。

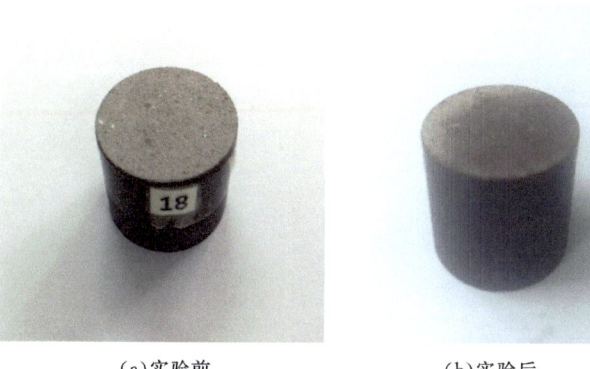

(a)实验前　　(b)实验后

图 4.3　人工页岩样品压力传递实验前后效果图

图4.4为浓度为5wt%的不同类型盐溶液的压力传递实验数据。如图4.4所示,在5wt%NaCl条件下,渗流过程历时13.42h,渗透率为2.23×10^{-2}mD;5wt%$CaCl_2$溶液渗流时,渗流过程历时2.48h,渗透率为9.96×10^{-2}mD;在5wt%HCOOK条件下,渗流过程历时2.02h,渗透率为0.163mD;在5wt%KCl条件下,渗流过程历时1.08h,渗透率为0.458mD;在5wt%HCOONa条件下,渗流过程历时0.1h,渗透率为1.115mD。浓度为5wt%的盐溶液中,阻缓压力传递效果最好的为5wt%NaCl。

5wt%人工页岩阻缓压力传递效果顺序为NaCl>$CaCl_2$>HCOOK>KCl>HCOONa。

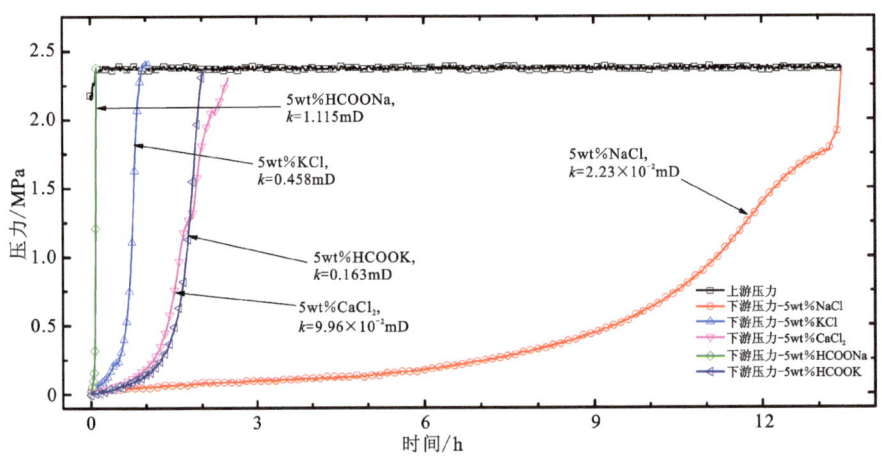

图4.4 浓度为5wt%的盐溶液下人工页岩压力传递数据

图4.5为浓度为10wt%的不同类型盐溶液的压力传递实验数据。如图4.5所示,在10wt%NaCl条件下,渗流过程历时2.08h,渗透率为0.133mD;在10wt%$CaCl_2$条件下,渗流过程历时0.93h,渗透率为0.261mD;在10wt%HCOOK条件下,渗流过程历时7.77h,渗透率为4.78×10^{-2}mD;在10wt%KCl条件下,渗流过程历时23.07h,渗透率为9.75×10^{-3}mD;在10wt%HCOONa条件下,渗流过程历时4.65h,渗透率为5.41×10^{-2}mD。浓度为10wt%的盐溶液中,阻缓压力传递效果最好的为10wt%KCl。

10wt%人工页岩阻缓压力传递效果顺序为KCl>HCOOK>HCOONa>NaCl>$CaCl_2$。

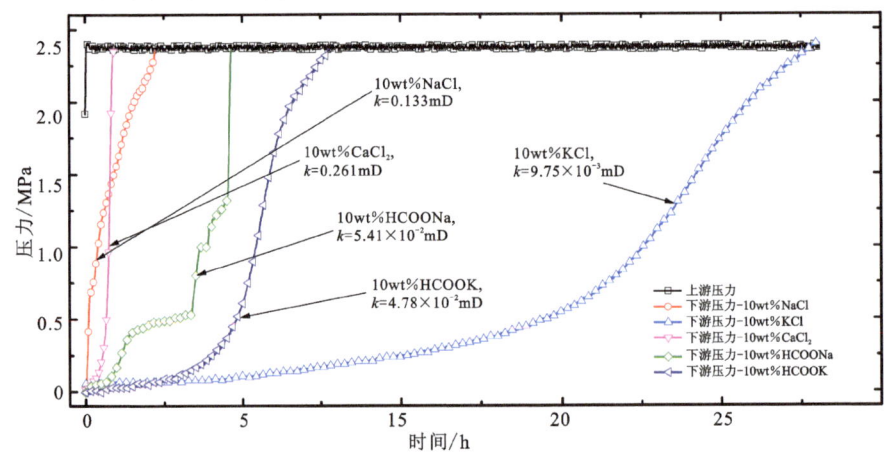

图4.5 浓度为10wt%的盐溶液下人工页岩压力传递数据

图 4.6 为浓度为 20wt% 的不同类型盐溶液的压力传递实验数据。如图 4.6 所示，在 20wt% NaCl 条件下，渗流过程历时 0.43h，渗透率为 1.091mD；在 20wt% $CaCl_2$ 条件下，渗流过程历时 14.83h，渗透率为 2.12×10^{-2} mD；在 20wt% HCOOK 条件下，渗流过程历时 1.38h，渗透率为 0.22mD；在 20wt% KCl 条件下，渗流过程历时 17.98h，渗透率为 1.49×10^{-2} mD；在 20wt% HCOONa 条件下，渗流过程历时 37.83h，渗透率为 1.59×10^{-3} mD。浓度为 20wt% 的盐溶液中，阻缓压力传递效果最好的为 20wt% HCOONa。20wt% 人工页岩阻缓压力传递效果顺序为 HCOONa > KCl > $CaCl_2$ > HCOOK > NaCl。

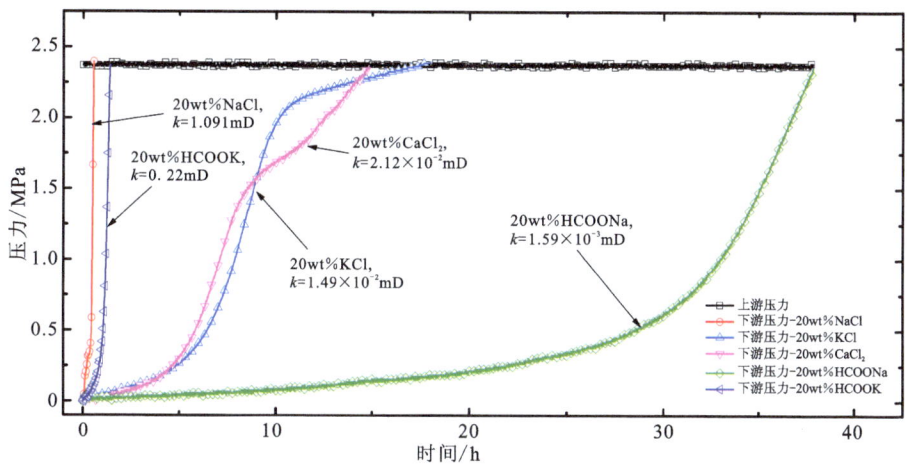

图 4.6　浓度为 20wt% 的盐溶液下人工页岩压力传递数据

图 4.7 显示了效果最佳的压力传递实验数据。如图 4.7 所示，效果最佳的 5 种盐溶液为：20% HCOONa、10% KCl、20% KCl、20% $CaCl_2$ 和 5% NaCl。5 种盐溶液对应的压力传递时间、渗透率可参照图 4.4—图 4.6。从压力传递效果来看，20% HCOONa 阻缓压力传递效果最佳，从压力增长趋势来看，20% HCOONa、10% KCl 和 5% NaCl 的压力增长趋势为先慢后快，20% $CaCl_2$ 和 20% KCl 的压力增长趋势为先快后慢。

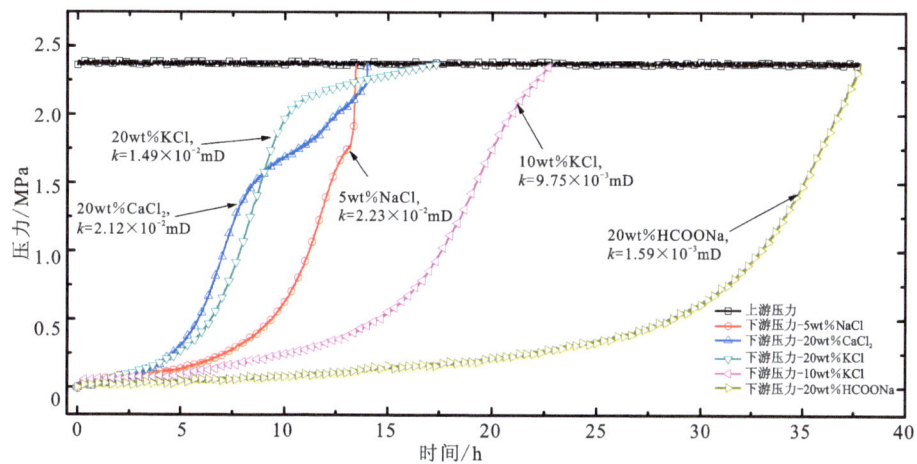

图 4.7　5 种最优盐溶液及其浓度阻缓人工页岩压力传递效果

分析纯(analytical reagent,AR)级别 HCOONa 价格为￥59/500g,而 AR 级别 KCl 价格为￥22/500g,AR 级别 NaCl 价格为￥9/500g。单纯考虑经济因素 10%KCl 和 5%KCl 效果很好,10%KCl 和 5%NaCl 为最优选择,考虑技术因素,HCOONa 为最优选择。

可在表 4.3 中查看人工页岩渗流过程所有数据,所有人工页岩样品如图 4.8 所示。

表 4.3　人工页岩编号及其对应盐溶液和渗透率数据

页岩编号	溶液组成	初始气体渗透率/mD	渗流传递时间/h	渗透率/mD
1	水	0.031	6.42	5.284×10^{-2}
2	5wt% NaCl 溶液	0.03	13.42	2.23×10^{-2}
3	10wt% NaCl 溶液	0.039	2.08	0.133
4	20wt% NaCl 溶液	0.059	0.43	1.091
5	5wt% KCl 溶液	0.025	1.08	0.458
6	10wt% KCl 溶液	0.053	23.07	9.75×10^{-3}
7	20wt% KCl 溶液	0.05	17.98	1.485×10^{-2}
8	5wt% $CaCl_2$ 溶液	0.032	2.48	9.96×10^{-2}
9	10wt% $CaCl_2$ 溶液	0.061	0.93	0.261
10	20wt% $CaCl_2$ 溶液	0.047	14.83	2.12×10^{-2}
11	5wt% HCOONa 溶液	0.019	0.1	1.115
12	10wt% HCOONa 溶液	0.034	4.65	5.41×10^{-2}
13	20wt% HCOONa 溶液	0.028	37.83	1.59×10^{-3}
14	5wt% HCOOK 溶液	0.027	2.02	0.163
15	10wt% HCOOK 溶液	0.063	7.77	4.78×10^{-2}
16	20wt% HCOOK 溶液	0.056	1.38	0.22

图 4.8　所有人工页岩样品

4.3 盐溶液对页岩渗流过程的影响规律

前期人工页岩的渗透率实验取得了良好的效果，人工页岩虽然矿物含量和孔隙度与龙马溪组页岩处于同一数量级，但孔隙的连通方式、矿物颗粒压实时间和压实强度还存在一定的差异，因此，测试真实页岩压力传递仍十分必要，渗透率和膜效率实验采用重庆秀山页岩，属龙马溪组。

4.3.1 渗流过程实验结果

采集数据的时间周期同样定为 1min，对于实验效果较好的盐类，数据采集时间可达 142h，因此采用 Origin 处理海量数据并作图，对比相同浓度下不同类型盐溶液在龙马溪组页岩中的渗流过程，了解在常温、压差作用下，盐溶液在页岩中的渗流过程，从而了解盐溶液对页岩水化的影响，掌握页岩与液体作用过程中压力传递规律，掌握盐水维持页岩井壁稳定性的规律。

基于 HKY-3 页岩压力传导装置，研究各种类型（NaCl、KCl、$CaCl_2$、HCOONa 和 HCOOK）和浓度（5wt%、10wt% 和 20wt%）盐溶液的页岩渗流过程，根据较长的压力传输时间和较小的渗透率值筛选出 5 种盐溶液。在压差以及页岩厚度相同的情况下，不同盐溶液在页岩孔道中的渗流过程并不一致，渗透率只能反映一部分渗流过程信息，并不能反映完整的渗流过程，因此只测量页岩渗透率并不能完全反映盐溶液对于页岩水化的影响。

图 4.9 为 5wt%NaCl 压力传递实验数据图。数据显示在上游压力恒定情况下，下游压力在 41.67h 后显著增加，表明压力通过页岩所需时间为 41.67h，渗透率一直维持在 7.5×10^{-5} mD。渗透率开始显著上升的时间点为 53.05h，此时页岩孔隙通道通畅，渗透率逐渐增大，且为跳跃式增加。当下游压力开始增大时，在 12h 内渗透率由 7.5×10^{-5} mD 增大至 1.0×10^{-3} mD，此后 14h，渗透率逐渐增加至 0.01mD，此时下游压力与上游压力一致。

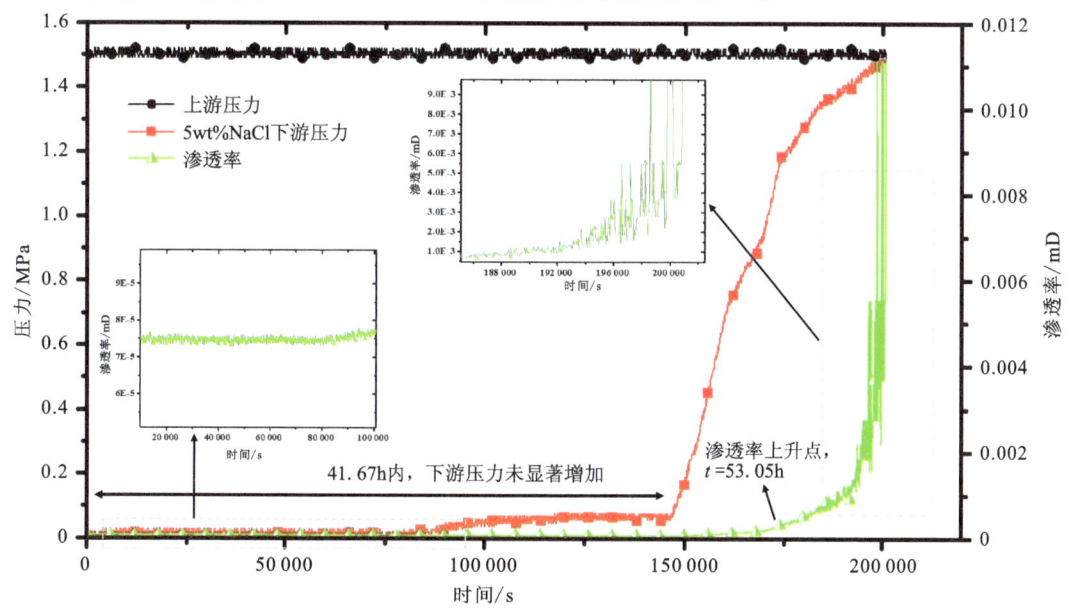

图 4.9 5wt%NaCl 压力传递实验数据图

图 4.10 为 5wt%KCl 压力传递实验数据图。数据显示在上游压力恒定情况下,下游压力在 69.44h 内未显著增加,表明压力通过页岩所需时间大于 69.44h,渗透率一直维持在 6.25×10^{-5} mD,未发生显著上升。

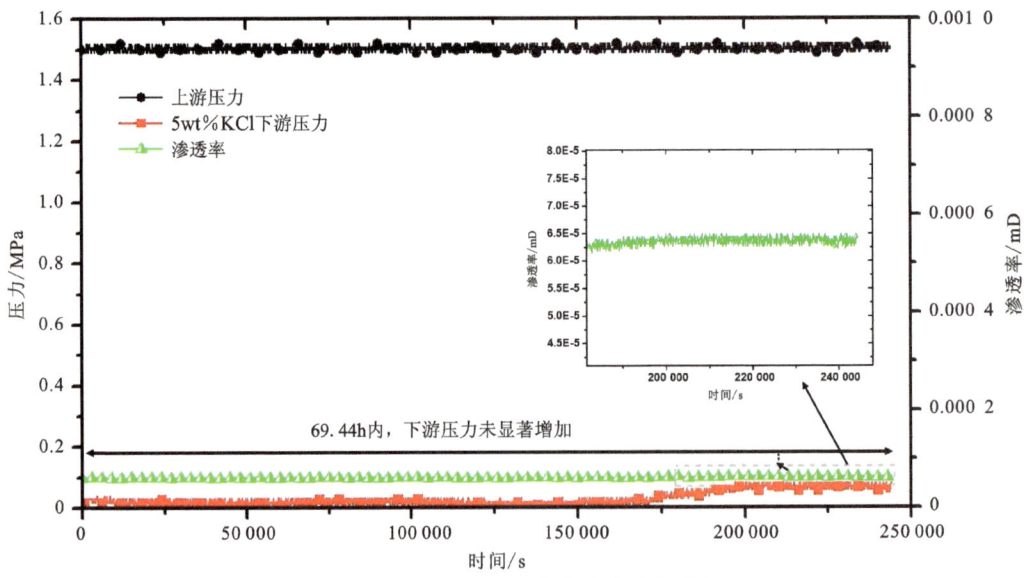

图 4.10　5wt%KCl 压力传递实验数据图

图 4.11 为 5wt%$CaCl_2$ 压力传递实验数据图。数据显示在上游压力恒定情况下,下游压力在 22.78h 后显著增加,表明压力通过页岩所需时间为 22.78h,渗透率一直维持在 1.0×10^{-4} mD。相对于 5wt%NaCl 和 5wt%KCl 溶液,其初始渗透率较高。渗透率开始显著上升的时间点为 33.33h,此时页岩孔隙通道通畅,渗透率突然增大。当下游压力开始增大时,在 11.11h 内渗透率由 2.0×10^{-4} mD 增大至 1.8×10^{-3} mD,此后 1h,渗透率逐渐增加至 0.009mD,此时下游压力与上游压力一致。相较于 5wt%NaCl 溶液,其打通孔隙通道时间及下游压力增大所需时间都较短。

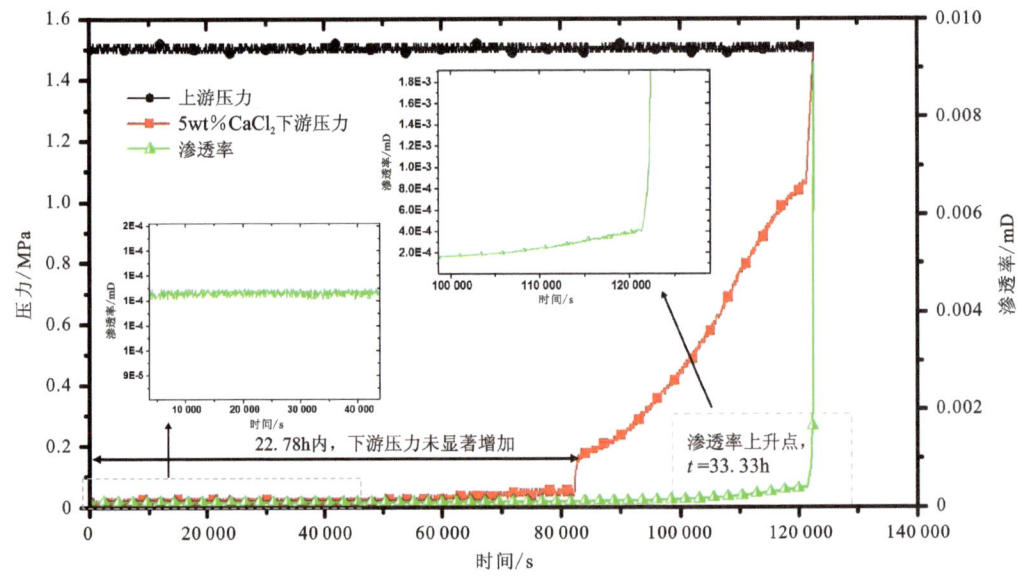

图 4.11　5wt%$CaCl_2$ 压力传递实验数据图

图 4.12 为 5wt％HCOONa 压力传递实验数据图。数据显示在上游压力恒定情况下，下游压力在 125h 后显著增加，表明压力通过页岩所需时间为 125h，渗透率一直维持在 3.0×10^{-5} mD。渗透率开始显著上升的时间点为 144.45h，此时页岩孔隙通道通畅，渗透率逐渐增大。当下游压力开始增大时，在 14h 内渗透率由 3.0×10^{-5} mD 增大至 1.0×10^{-4} mD，此后 2.78h，渗透率逐渐增加至 0.028mD，此时下游压力与上游压力一致。渗透率前期增加较慢，后期在压力积累后，渗透率迅速增大。同时，在下游压力前期增长过程中，增长曲线类似于 log 曲线，表现出先快后慢的变化趋势。

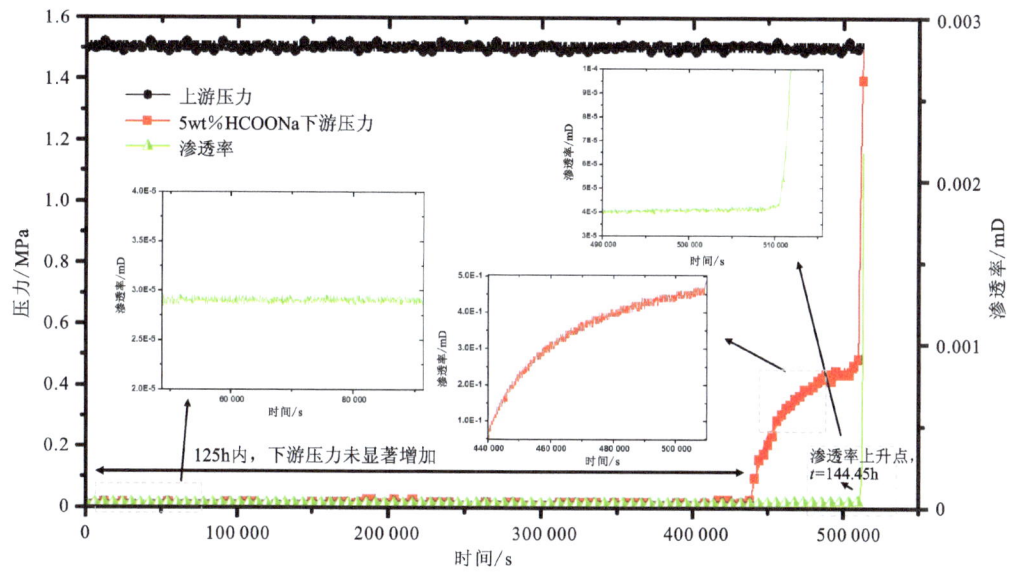

图 4.12　5wt％HCOONa 压力传递实验数据图

图 4.13 为 5wt％HCOOK 压力传递实验数据图。数据显示在上游压力恒定情况下，下游压力在 2.78h 后显著增加，表明压力通过页岩所需时间为 2.78h，渗透率一直维持在 1.6×10^{-4} mD。渗透率开始显著上升的时间点为 19.44h，此时页岩孔隙通道通畅，渗透率逐渐增大。当下游压力开始增大时，在 19.44h 内渗透率由 1.6×10^{-4} mD 增大至 7.0×10^{-4} mD，此后 5.56h，渗透率逐渐增加至 0.008mD，此时下游压力与上游压力基本一致。

5wt％盐溶液的 PTT 结果显示，最小和最大的渗透率分别对应 HCOONa 和 HCOOK。HCOONa 含量为 5wt％时，压力传递过程持续 142.67h，计算的对应点渗透率为 2.47×10^{-5} mD。选用 5wt％的 HCOOK 时，压力传递过程仅持续 25.10h，对应点的渗透率为 7.08×10^{-4} mD。阻滞页岩孔隙压力传递的顺序为 5wt％HCOONa＞5wt％KCl＞5wt％NaCl＞5wt％$CaCl_2$＞5wt％HCOOK。

图 4.14 为 10wt％NaCl 压力传递实验数据图。数据显示在上游压力恒定的情况下，下游压力在 8.33h 后显著增加，表明压力通过页岩所需时间为 8.33h，渗透率一直维持在 1.75×10^{-4} mD。渗透率开始显著上升的时间点为 22.5h，此时页岩孔隙通道通畅，渗透率突增。当下游压力开始增大时，在 12h 内渗透率维持在 1.75×10^{-4} mD，此后 1.39h，渗透率逐渐增加至 0.009mD，此时下游压力与上游压力一致。

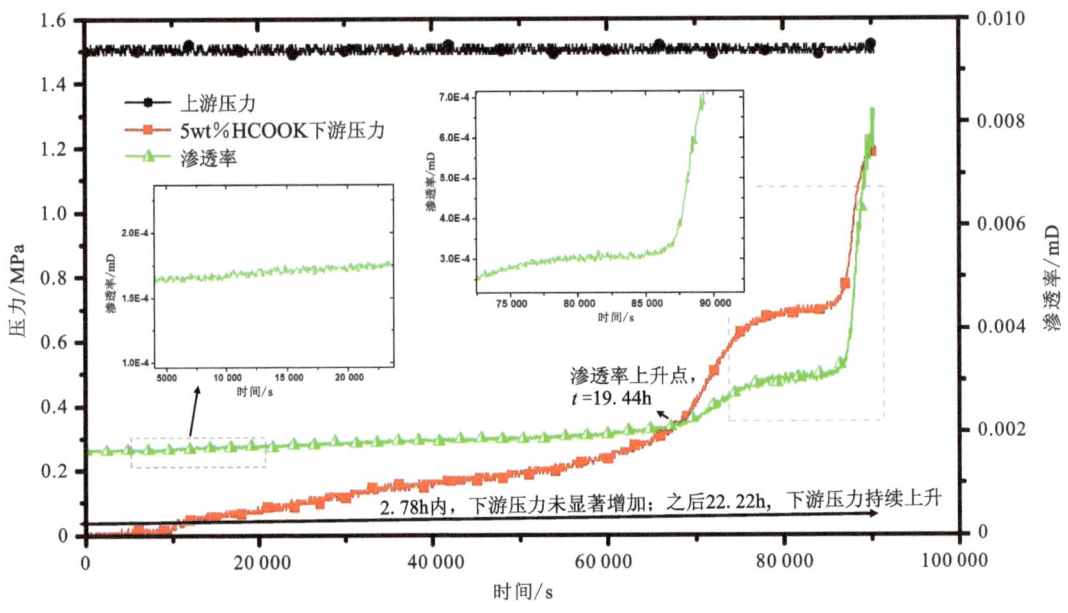

图 4.13　5wt%HCOOK 压力传递实验数据图

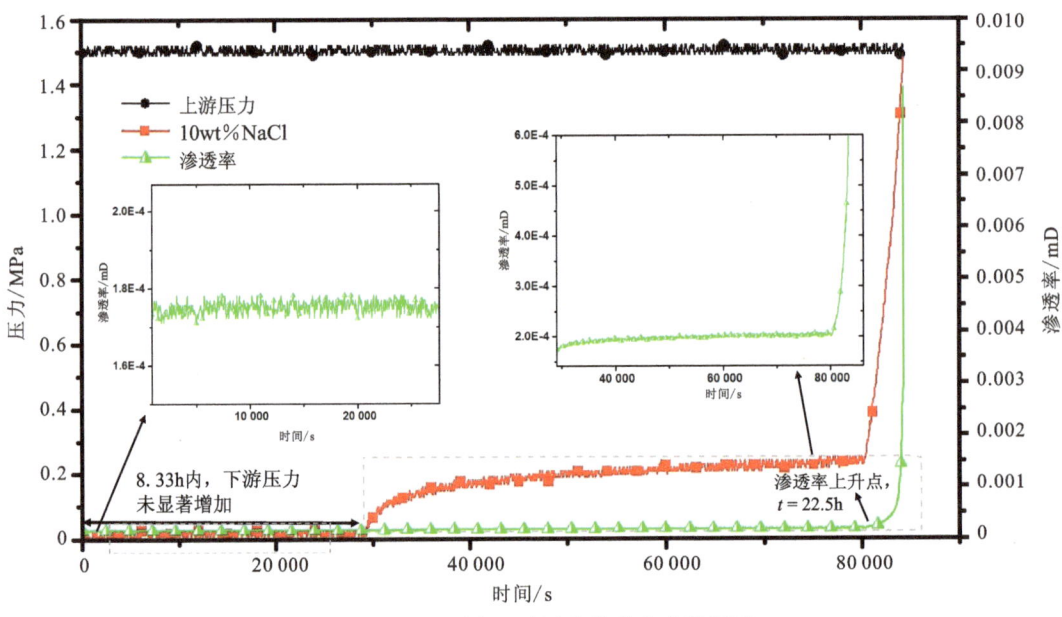

图 4.14　10wt%NaCl 压力传递实验数据图

图 4.15 为 10wt%KCl 压力传递实验数据图。数据显示在上游压力恒定的情况下,下游压力在 4.86h 后显著增加,表明压力通过页岩所需时间为 4.86h,渗透率一直维持在 7.0×10^{-4}mD。渗透率开始显著上升的时间点为 5.55h,此时页岩孔隙通道通畅,渗透率逐渐增大,增长方式为稳定增长。当下游压力开始增大时,在 0.69h 内渗透率由 7.0×10^{-4}mD 增大至 1.4×10^{-2}mD,此后 0.69h,渗透率逐渐增大至 0.03mD,此时下游压力与上游压力一致。

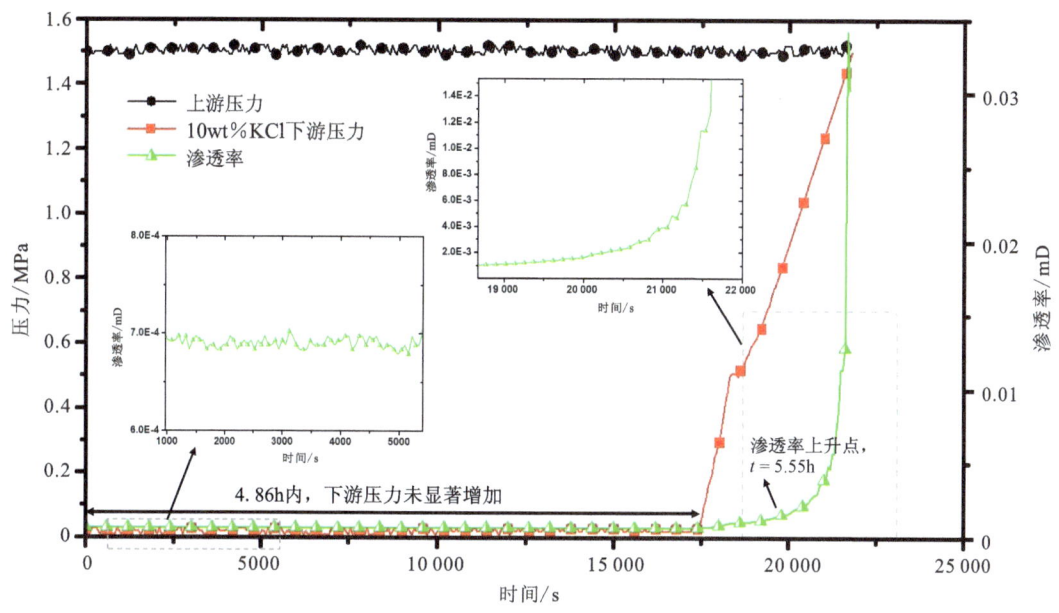

图 4.15　10wt%KCl 压力传递实验数据图

图 4.16 为 10wt%$CaCl_2$ 压力传递实验数据图。数据显示在上游压力恒定的情况下,下游压力在 0.56h 后显著增加,表明压力通过页岩所需时间为 0.56h,渗透率一直维持在 $8.5×10^{-4}$mD。渗透率开始显著上升的时间点为 1.33h,此时页岩孔隙通道通畅,渗透率逐渐增大,且为跳跃式。当下游压力开始增大时,在 4.44h 内渗透率由 $8.5×10^{-4}$mD 增大至 $8.0×10^{-3}$mD,此后 0.28h,渗透率逐渐增大至 0.025mD,此时下游压力与上游压力一致。

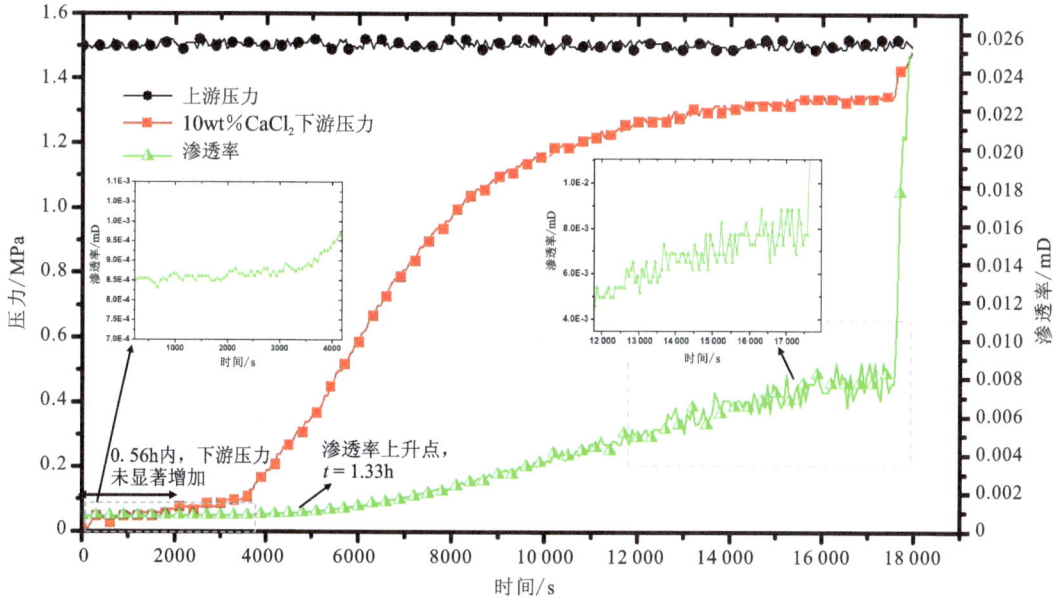

图 4.16　10wt%$CaCl_2$ 压力传递实验数据图

图 4.17 为 10wt%HCOONa 压力传递实验数据图。数据显示在上游压力恒定的情况下，下游压力在 48.61h 后显著增加，表明压力通过页岩所需时间为 48.61h，渗透率一直维持在 1.2×10^{-4} mD。渗透率开始显著上升的时间点为 48.61h，此时页岩孔隙通道通畅，渗透率逐渐增大，且为跳跃式。当下游压力开始增大时，在 6.94h 内渗透率由 1.2×10^{-4} mD 增大至 2.2×10^{-4} mD，此后下游压力逐渐增大，但渗透率未再继续增大。

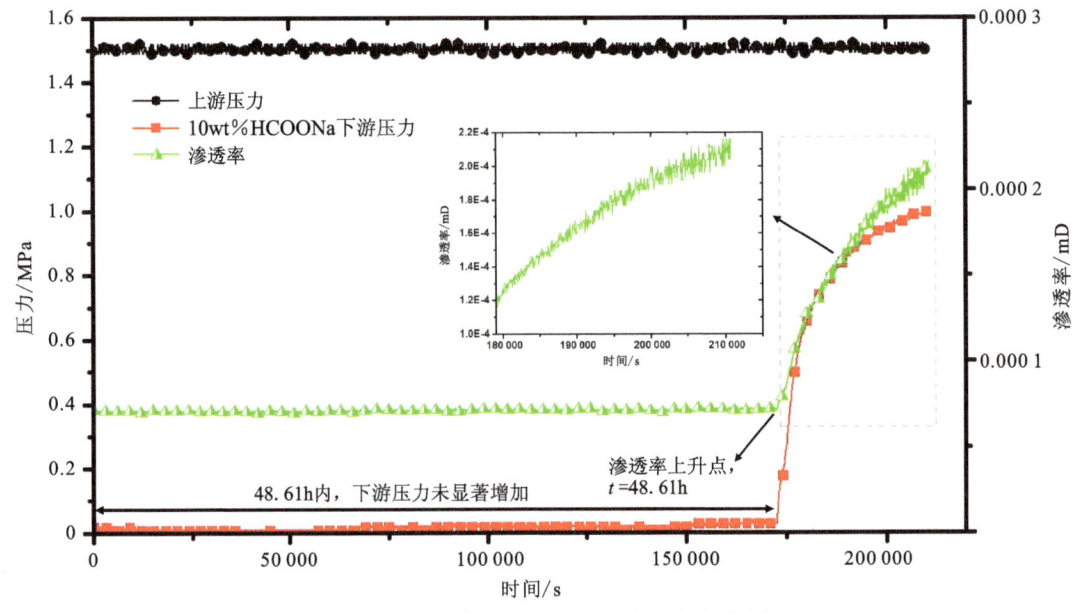

图 4.17　10wt%HCOONa 压力传递实验数据图

图 4.18 为 10wt%HCOOK 压力传递实验数据图。数据显示在上游压力恒定的情况下，下游压力在 21.67h 后显著增加，表明压力通过页岩所需时间为 21.67h，渗透率一直维持在 1.7×10^{-4} mD。渗透率开始显著上升的时间点为 22.22h，此时页岩孔隙通道通畅，渗透率稳定增大。当下游压力开始增大时，在 2.78h 内渗透率由 2.0×10^{-4} mD 增大至 6.0×10^{-4} mD，此后 0.27h，渗透率逐渐增加至 0.008 5mD，此时下游压力与上游压力一致。

10wt%盐溶液的 PTT 结果显示，最小和最大的渗透率分别对应 HCOONa 和 $CaCl_2$ 溶液。采用 10wt%的 HCOONa，压力传输过程持续 58.53h，计算的对应点渗透率为 3.48×10^{-4} mD。采用 10wt%的 $CaCl_2$，压力传输过程只持续 5h，计算的对应点渗透率为 1.24×10^{-2} mD。延缓页岩孔隙压力传递的顺序为 10wt%HCOONa＞10wt%HCOOK＞10wt%NaCl＞10wt%KCl＞10wt%$CaCl_2$。

图 4.19 为 20wt%NaCl 压力传递实验数据图。数据显示在上游压力恒定的情况下，下游压力在 55.56h 后显著增加，表明压力通过页岩所需时间为 55.56h，渗透率一直维持在 5.75×10^{-5} mD。渗透率未发生显著增长，渗透率稍微上升时间点为 55.65h，此时页岩孔隙通道较通畅，渗透率跳跃式增大至 7.5×10^{-5} mD。当下游压力激增至 0.4MPa 后，下游压力与渗透率均未继续增加，进入新一轮渗流过程，溶液在此上游压力下（1.5MPa）无法继续渗流。

第 4 章 盐溶液影响页岩渗流过程、膜效率和润湿性研究

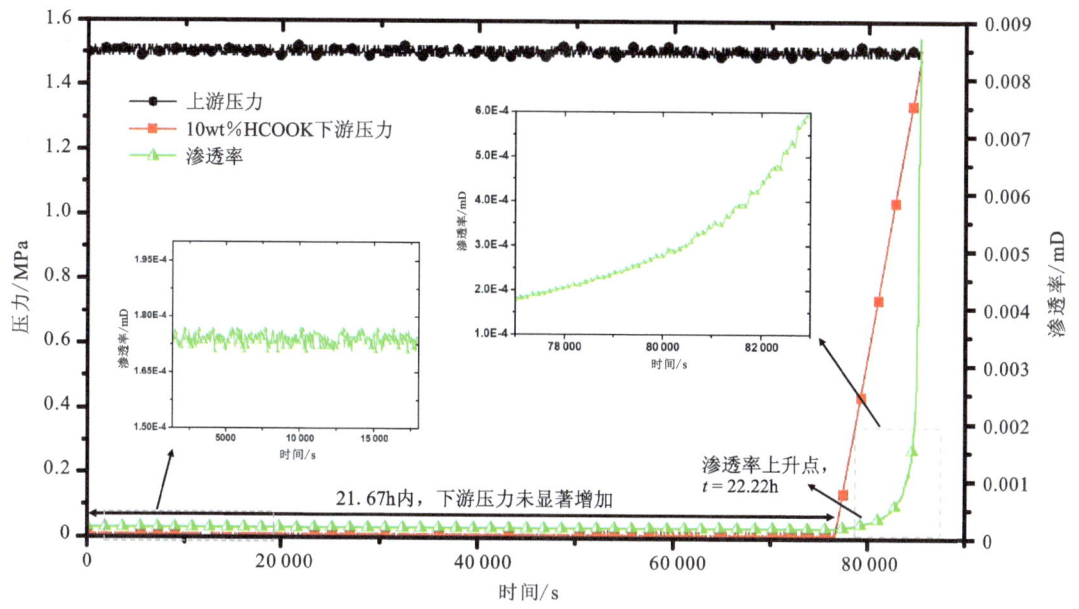

图 4.18 10wt%HCOOK 压力传递实验数据图

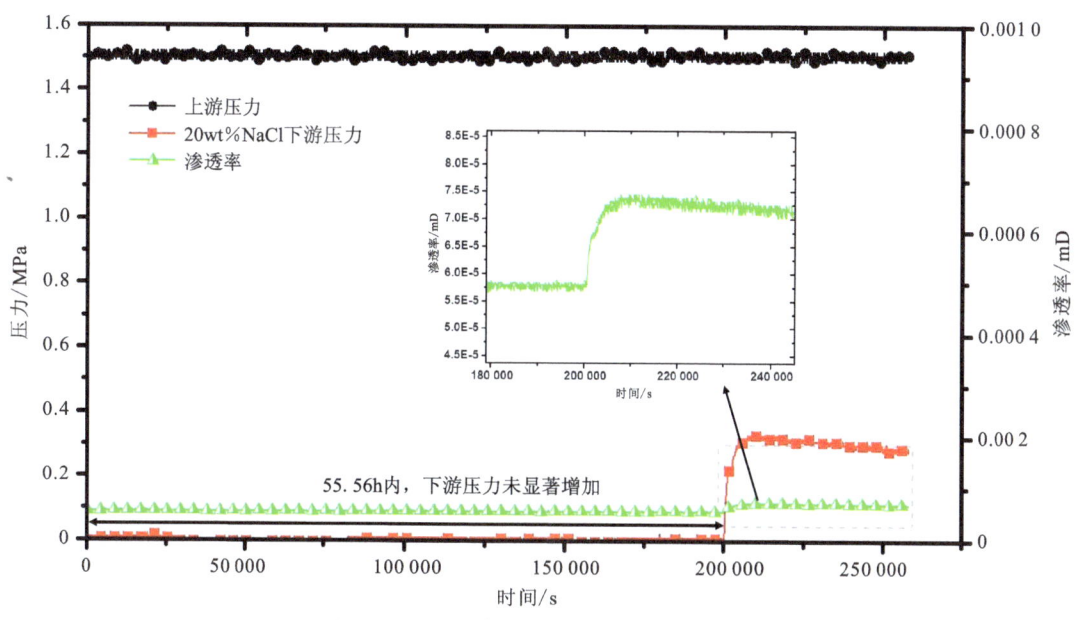

图 4.19 20wt%NaCl 压力传递实验数据图

图 4.20 为 20wt%KCl 压力传递实验数据图。数据显示在上游压力恒定的情况下,下游压力在 119.45h 后显著增加,表明压力通过页岩所需时间为 119.45h,渗透率一直维持在 $3.5×10^{-5}$ mD。渗透率开始显著上升的时间点为 119.45h,此时页岩孔隙通道通畅,渗透率逐渐增大,且为跳跃式。当下游压力开始增大时,在 2.78h 内渗透率由 $3.5×10^{-5}$ mD 增大至 0.002 5mD,此时下游压力与上游压力一致。

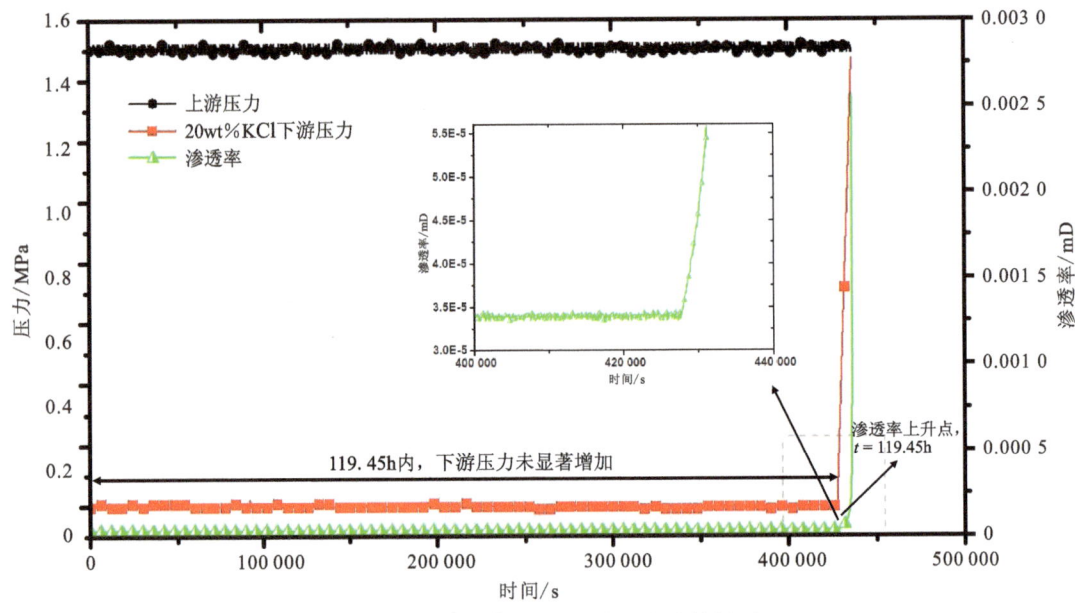

图 4.20 20wt%KCl 压力传递实验数据图

图 4.21 为 20wt%$CaCl_2$ 压力传递实验数据图。数据显示在上游压力恒定的情况下,下游压力在 22.22h 后显著增加,表明压力通过页岩所需时间为 22.22h,渗透率一直维持在 1.8×10^{-4} mD。渗透率开始显著上升的时间点为 22.67h,此时页岩孔隙通道通畅,渗透率逐渐增大,且为跳跃式。当下游压力开始增大时,在 0.56h 内渗透率由 1.8×10^{-4} mD 增大至 0.002 5mD,此时下游压力与上游压力一致。此压力传递曲线与 20wt%KCl 的压力传递曲线相似,下游压力激增导致渗透率激增,不同之处在于 20wt%$CaCl_2$ 溶液维持井壁稳定性时间较短,22.22h 后下游压力出现激增,而 20wt%KCl 溶液可维持 119.45h。

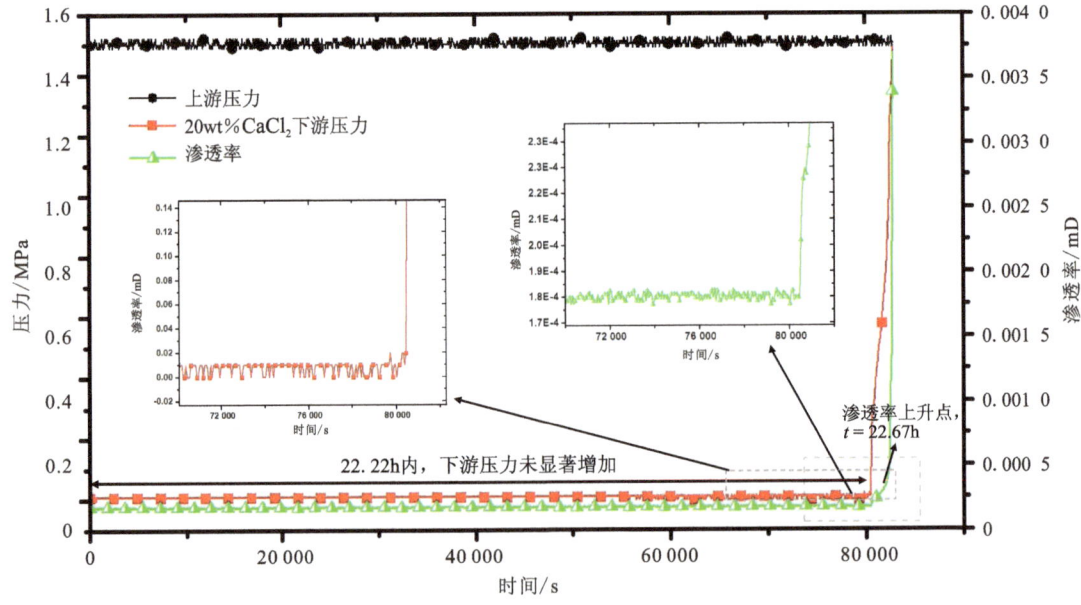

图 4.21 20wt%$CaCl_2$ 压力传递实验数据图

图4.22为20wt%HCOONa压力传递实验数据图。数据显示在上游压力恒定的情况下，下游压力在141.67h内未显著增加，表明压力通过页岩所需时间不止141.67h，渗透率一直维持在3.25×10^{-5}mD，未发生显著增加。下游压力维持在0.2MPa，此后下游压力和渗透率均未继续增加，进入新一轮渗流过程，溶液在此上游压力下无法继续渗流。20wt%HCOONa有利于维持井壁稳定性，在此后也未发现下游压力逐渐增加或激增现象。

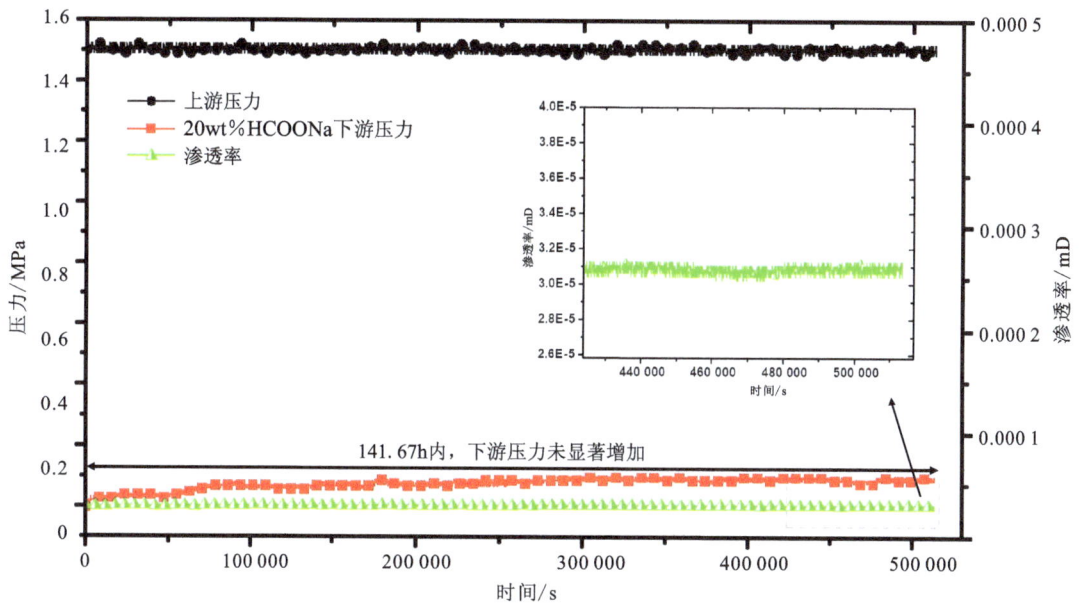

图4.22 20wt%HCOONa压力传递实验数据图

图4.23为20wt%HCOOK压力传递实验数据图。数据显示在上游压力恒定的情况下，下游压力在141.67h内未显著增加，表明压力通过页岩所需时间大于141.67h，渗透率一直维持在6×10^{-5}mD，未发生显著增加。下游压力维持在0.2MPa，此后下游压力和渗透率均未继续增加，进入新一轮渗流过程，溶液在此上游压力下无法继续渗流。20wt%HCOOK有利于维持井壁稳定性，在此后的时间里也未发现下游压力逐渐增加或激增的现象。20wt%HCOOK相对于20wt%HCOONa的劣势为初始渗透率更高，流过的溶液流量大于20wt%HCOONa。

20wt%盐溶液的PTT结果显示，最小和最大的渗透率分别对应HCOONa和$CaCl_2$溶液，结果与10wt%浓度相似，但渗透时间不同。含20wt%HCOONa时，压力传输过程持续142.67 h，计算的对应点渗透率为1.98×10^{-5}mD。采用20wt%的$CaCl_2$，压力传递过程持续23.02 h，计算的对应点渗透率为2.40×10^{-4}mD。阻滞页岩孔隙压力传递的顺序为20wt%HCOONa＞20wt%KCl＞20wt%HCOOK＞20wt%NaCl＞20wt%$CaCl_2$。

因此，在相同浓度的各种盐溶液中，阻滞页岩孔隙压力传递能力最强的盐为HCOONa。

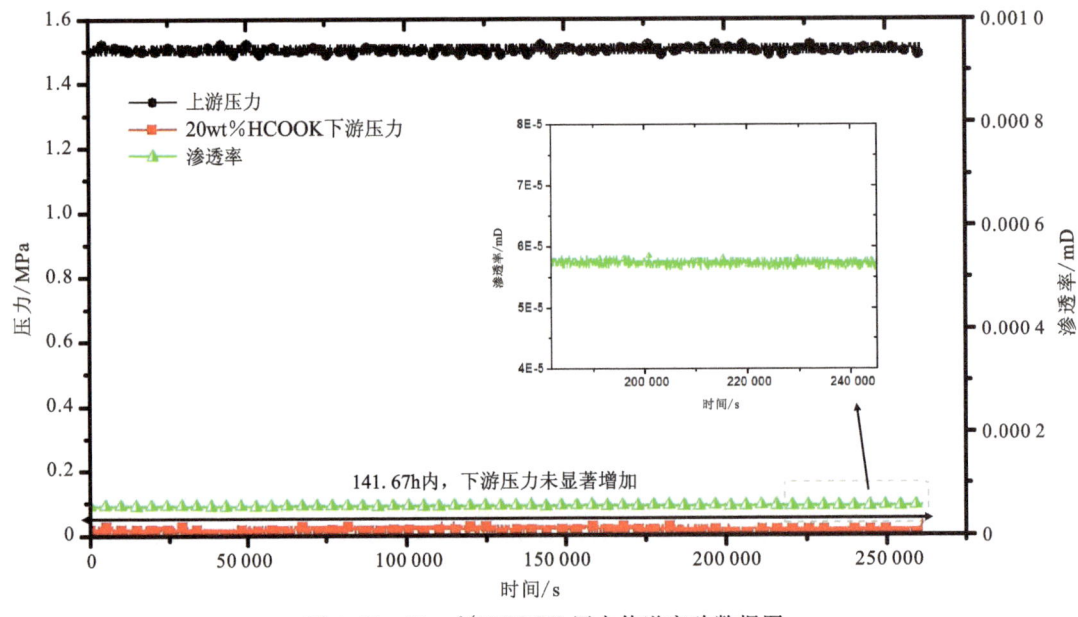

图 4.23　20wt%HCOOK 压力传递实验数据图

4.3.2　龙马溪组页岩渗流过程数据分析

具有较好的阻止孔隙压力传递的 5 种不同浓度类型的盐溶液分别为 20wt%HCOONa、5wt%HCOONa、20wt%KCl、20wt%HCOOK 和 5wt%NaCl(表 4.4)。对于相同类型的盐溶液,浓度最高的盐溶液并不总能展现最好的阻滞页岩孔隙流体传递的能力。例如,NaCl 和 $CaCl_2$ 溶液的最佳浓度为 5wt%。

类型不同但浓度均为 10wt% 的盐溶液,其渗透率不在前 5 位,相反,10wt% 的盐溶液在最差的 5 种盐溶液中占 80%。因此,10wt% 的浓度不是降低页岩渗透率的合适浓度。上述实验数据表明影响孔隙压力传递的因素很多,如盐浓度、页岩矿物组成、盐抑制效应和盐化学分子结构[31,246]。

表 4.4　龙马溪组页岩渗流过程结果汇总

样品标签	盐溶液	渗流时间/h	渗透率/mD	预压力/MPa
12	20wt%HCOONa	142.67	$1.98×10^{-5}$	1.5
10	5wt%HCOONa	142.67	$2.47×10^{-5}$	1.5
6	20wt%KCl	122.32	$2.65×10^{-6}$	1.5
15	20wt%HCOOK	72.57	$9.24×10^{-6}$	3.5
1	5wt%NaCl	71.78	$3.39×10^{-5}$	3
3	20wt%NaCl	71.78	$3.86×10^{-5}$	3

续表 4.4

样品标签	盐溶液	渗流时间/h	渗透率/mD	预压力/MPa
4	5wt%KCl	67.8	1.55×10^{-5}	1.5
11	10wt%HCOONa	58.53	3.48×10^{-4}	1.5
7	5wt%CaCl$_2$	34.07	8.85×10^{-4}	1.5
13	5wt%HCOOK	25.1	7.08×10^{-4}	1.5
2	10wt%NaCl	23.85	1.47×10^{-3}	1.5
14	10wt%HCOOK	23.77	7.99×10^{-4}	1.5
9	20wt%CaCl$_2$	23.02	2.40×10^{-4}	1.5
5	10wt%KCl	6.05	1.49×10^{-2}	1.5
8	10wt%CaCl$_2$	5	1.24×10^{-2}	1.5

表 4.4 中的预压力定义为下游压力开始增加时上游和下游的压力差。不同盐溶液与页岩孔隙之间的相互作用是不同的，在上游压力相同的条件下，采用不同溶液，下游压力不一定增加，因此预压力也不尽相同。预压力的大小与页岩多孔介质中液相分子的相互作用有关。

龙马溪组页岩的渗流过程实验结果与 Barnett 页岩的结果并不一致。两种页岩孔隙大小一致，其差异可能是由各种矿物组成不同造成的（龙马溪组页岩的石英含量较高，Barnett 页岩的伊利石/蒙脱石含量低于 13%）[48]。页岩中的黏土矿物颗粒明显与非黏土矿物颗粒（如石英和长石）混合，排列成层状。根据 Derjaguin-Landau-Verwey-Overbeek（DLVO）理论，黏土矿物颗粒与水接触并膨胀。由于其中石英颗粒的含量不同，使得晶体层厚度不同，水化结果也不同。

记录不同盐溶液的渗透时间、渗流过程（下游压力的变化）和预压力值为理论研究提供参考。然而，0.5cm 厚的页岩的渗流过程参考价值有限。如果页岩厚度和渗透长度增加，不可控因素也会出现，下游压力变化趋势可能改变[247-248]。同时，预压力越高，并不意味着流体穿过页岩孔隙的可能性越小，也不意味着渗流所需的时间越长。例如，1.5MPa 的上游压力使得浓度为 20wt% 的 HCOONa 进入页岩孔隙，发生渗流，但是渗透速率极慢，所需渗流过程反而更长。

对于每一个页岩测试样品，PTT 持续时间平均为 60h，每分钟记录下游压力数据，共测试 15 个页岩样本，从预热测试仪器到实验测试结束，测试完一个样品所需的时间可能为 3～4 周，实验共持续一年。图 4.8—图 4.23 提供了不同类型和浓度盐溶液的渗流过程，为维持页岩井筒稳定性提供技术支持。其他研究人员在相同渗透率实验中使用的页岩主要来自美国，如 Barnett 页岩，且只进行了单盐溶液的渗流过程实验，数据并不丰富。上述实验数据完善了不同种类和不同浓度盐溶液的页岩渗流过程，尤其对于中国页岩气勘探的龙马溪组页岩而言更具参考价值。

人工页岩优势为矿物成分完全一致且初始气体渗透率几乎一致,缺点为渗透率相对于真实页岩偏大,且人工压制达不到真实页岩强度和孔隙结构。龙马溪组页岩为天然页岩,实验结果更具说服力,缺点为即使从相同页岩上钻下岩心,其矿物成分和渗透率也存在差异,且此部分不可控。

对比人工页岩和真实页岩渗流过程可知,20wt% HCOONa 均为阻缓压力传递的最佳盐溶液。

4.4 盐溶液对含页岩膜效率的影响规律

4.4.1 测试原理

页岩本身被广泛认为是限制渗透流动的半渗透膜。实际上,当页岩与水基钻井液相互作用时,水不仅会进入页岩,而且会离开页岩,同时溶液中的离子也会相互交换。因此,页岩与流体的相互作用会受水和离子运动的影响。不同的盐溶液具有不同的离子类型和浓度,因此它们对页岩的膜效率具有不同的影响。页岩具有半渗透性的原因是水分子与溶质之间的流动差异能力,膜效率(σ)可表示为

$$\sigma = 1 - \frac{v_s}{v_w} \tag{4.2}$$

式中:v_s 为溶质离子通过半透膜的能力,无量纲;v_w 为水分子通过半透膜的能力,无量纲。

如果页岩完全不允许溶质通过($v_s = 0$)并且仅允许水通过($v_w \neq 0$),则它被称为理想的半透膜($\sigma = 1$);如果溶质运动速率等于水分子运动速率($v_s = v_w$),则半透膜表现为没有选择性($\sigma = 0$)。大量的实验结果表明,页岩处于上述两种情况之间($0 < \sigma < 1$),这意味着页岩是非理想的半透膜。水分子和盐离子能够穿过页岩,但盐离子的移动速率低于水分子的移动速率。

钻井液的水活度可通过改变含盐量而调节,同时能在一定程度上增加水基钻井液的抑制性。对于有着极低渗透率的泥页岩地层,泥页岩的纳米级孔隙可以起到半透膜的作用,从而阻止部分离子对地层的伤害。同时,通过改变水基钻井液的水活度能够有效调节半透膜效率,使钻井液与井壁之间的化学渗透压抵消钻井液滤液的侵入,达到增强井壁稳定性的效果,页岩的膜效率为

$$\Delta p = \sigma \frac{RT}{V_w} \ln \frac{a_w^{sh}}{a_w^{df}} \tag{4.3}$$

式中:a_w^{df} 为钻井液的水活度,无因次;a_w^{sh} 为泥页岩的水活度,无因次;V_w 为纯水的偏摩尔体积(18cm³/mol);T 为绝对温度(K);R 为理想气体常数[8.314J/(mol·K)];σ 为半透膜效率,无因次;p 为诱导渗透压(MPa)。

然而泥页岩与钻井液之间的半透膜效率的提高并不能仅依赖于提高盐浓度,随着盐浓度逐渐升高,盐溶液水活度逐渐降低,但此时较高的浓度差会使得无机盐离子进入页岩内部,使

页岩发生去水化作用。因此,应该选择合适的盐浓度而非更高的盐浓度。

4.4.2 实验程序及方法

测试 PTT 后页岩膜效率。围压设定为 2.3MPa,上游压力和下游压力均为 1MPa。上游和下游溶液保持相同压力和不同水活度,而页岩岩心水活度高于上游溶液水活度,低于下游溶液水活度。因此,岩心两端存在化学势差,通过页岩两端的压力传感器可以观察到压降,从而计算膜效率。

4.4.3 实验数据

不同类型和浓度盐溶液的膜效率结果如表 4.5 所示。膜效率最高的 3 种盐溶液是 5wt%NaCl($\sigma=0.014$)、10wt%KCl($\sigma=0.012$)和 20wt%HCOONa($\sigma=0.01$)或 20wt%NaCl($\sigma=0.01$)。

表 4.5 不同类型和不同浓度盐溶液的最大压力差和膜效率结果汇总表

样品标号	盐溶液	水活度	最大压力/MPa	膜效率/(σ)
1	5wt%NaCl	0.977	0.28	0.014
2	10wt%NaCl	0.945	0.03	0.002
3	20wt%NaCl	0.879	0.06	0.01
4	5wt%KCl	0.984	0.16	0.008
5	10wt%KCl	0.952	0.2	0.012
6	20wt%KCl	0.923	0.03	0.002
7	5wt%CaCl$_2$	0.992	0.2	0.009
8	10wt%CaCl$_2$	0.961	0.09	0.005
9	20wt%CaCl$_2$	0.881	0.13	0.004
10	5wt%HCOONa	0.977	0.07	0.003
11	10wt%HCOONa	0.954	0.04	0.002
12	20wt%HCOONa	0.908	0.1	0.01
13	5wt%HCOOK	0.98	0.06	0.003
14	10wt%HCOOK	0.959	0.11	0.006
15	20wt%HCOOK	0.913	0.07	0.006

对于每种盐溶液,改善膜效率的最佳浓度范围如图 4.24 所示。在各种盐溶液中,具有最高膜效率的盐溶液为 5wt%NaCl,然后是 10wt%KCl,其膜效率远高于 20wt%KCl。KCl 溶液的适宜浓度范围为 5wt%~10wt%。对于 CaCl$_2$ 溶液,浓度为 5wt%时的膜效率远高于 10wt%和 20wt%。当盐溶液为 20wt%HCOONa 和 10wt%~20wt%HCOOK 时,页岩膜效率较高。

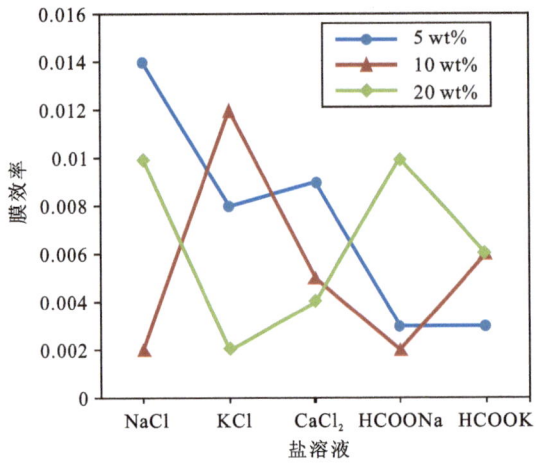

图 4.24 不同类型和浓度盐溶液膜效率值

4.4.4 膜效率数据分析

图 4.25 为龙马溪组页岩水活度与膜效率关系图。正相关为趋势增加,而负相关则相反。总体而言,NaCl、KCl 和 CaCl₂ 的膜效率和水活性呈正相关关系,而 HCOONa 和 HCOOK 呈负相关关系。NaCl、KCl、CaCl₂ 和 HCOONa 的拟合程度较高($R^2 = 0.6969 \sim 1$),更具参考价值。通过测试溶液水活度可快速得到页岩膜效率值,为工程应用中钻井液的配置提供便利。

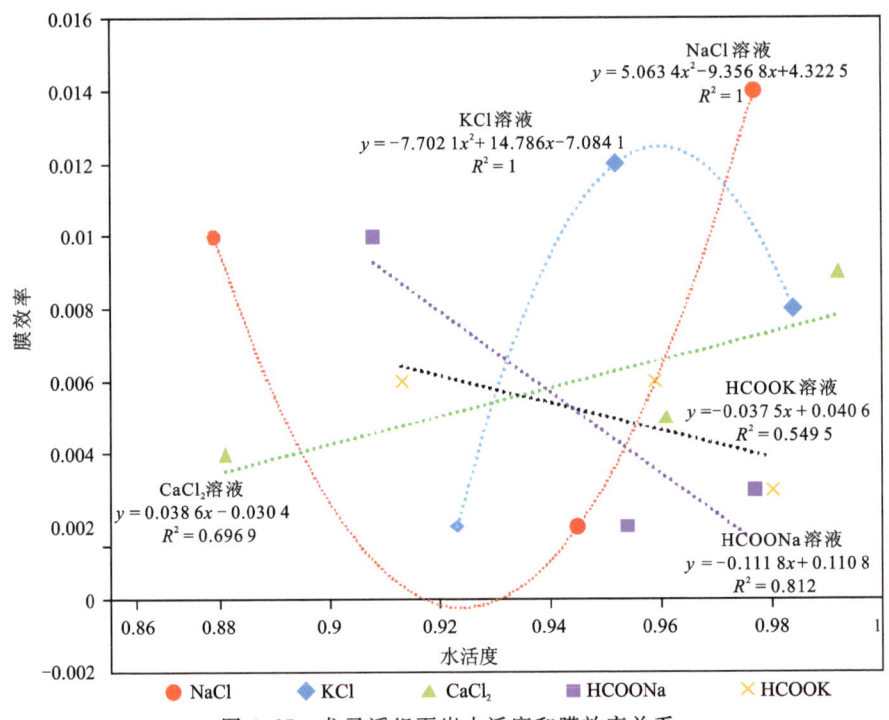

图 4.25 龙马溪组页岩水活度和膜效率关系

如图4.25所示,通过数学公式法得到线性方程和二次方程,可确定龙马溪组页岩水活度与膜效率的正负相关性和数据偏差。

页岩气开发涉及许多过程。页岩气钻井是一个重要方面。因为5wt%NaCl溶液具有最高的膜效率和最低的盐浓度(图4.25),所以5wt%NaCl溶液被认为是最适合的选择。当然,页岩气钻井并不一定需要盐溶液,但对于对水敏感的页岩地层和地区以及巨大的环境压力而言,5wt%或更低浓度的NaCl溶液会是较优的选择。此外,页岩气钻井需要大量淡水。对于海上页岩气开发项目,海水(4wt%NaCl)有可能被使用。根据美国信息能源署(EIA)的预测[249],南美、非洲和澳大利亚的页岩气田都位于近海地区,海水作为钻井液基浆将是不错的选择。如果仅从膜效率的角度考虑,海水作为钻井液基浆不仅可以节约淡水,而且有利于页岩井壁稳定。

4.5 盐溶液对页岩接触角的影响规律

压力传递实验后页岩表面特征发生变化,同时页岩微观孔隙状况也发生变化。通过测量龙马溪组页岩接触角变化,了解盐溶液对页岩表面及其微观孔隙的影响,从而在宏观层面掌握盐溶液和压力对页岩表面特征的影响。

4.5.1 实验方法

润湿性可用于描述油、水和储集岩之间的相互作用,可用接触角(θ,°)来表征。当液滴与固体表面接触时,其最终形状取决于液滴内聚力和液滴与固体之间黏附力的相对大小。当液滴被放置在固体表面上时,液滴可以以一定的接触角自动散布在固体表面(图4.26)。

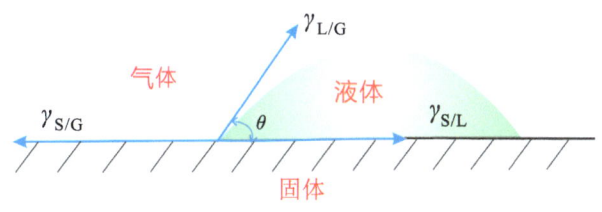

图4.26 接触角模型

不同的界面力可以通过作用在界面上的界面张力表示。当液滴处于固体表面的平衡位置时,水平方向的界面张力分量应该等于零[250],因此

$$\gamma_{S/G} = \gamma_{S/L} + \gamma_{L/G}\cos\theta \tag{4.4}$$

式中:$\gamma_{S/G}$为固体-气体界面张力(J/m^2);$\gamma_{L/G}$为液体-气体界面张力(J/m^2);$\gamma_{S/L}$为固体-液体界面张力(J/m^2);θ为接触角(°)。

如果θ等于90°,则表明界面处于水润湿和油润湿之间,$\theta<90$°意味着水润湿,$\theta>90$°意味着油润湿。在一定的压力下,通过盐溶液的连续冲刷,页岩接触角将发生变化。

4.5.2 实验数据

表4.6为PTT前后页岩样品的接触角测试结果。同时测量原始页岩样品以及经过水溶液压力传递后的页岩样品的接触角。所有页岩样品取自同一块页岩,其他类型的盐溶液压力传递

后的页岩样品为 4.3 部分实验后样品。PTT 后页岩的接触角比原始页岩样品和 PTT 接触水后的页岩样品大。此外,不同浓度的盐溶液的接触角规则为 5wt%＞10wt%＞20wt%(图 4.27)。

表 4.6 在相同压力和不同盐水溶液作用下龙马溪组页岩接触角测试结果

页岩样品编号	溶液		接触角/(°)
1	原始岩样		25.9
1	水		23.1
1	5wt%	NaCl	46.5
2	10wt%		41.4
3	20wt%		31
4	5wt%	KCl	43.9
5	10wt%		42.9
6	20wt%		42.1
7	5wt%	$CaCl_2$	42.1
8	10wt%		34
9	20wt%		32.5
10	5wt%	HCOONa	41
11	10wt%		31
12	20wt%		26
13	5wt%	HCOOK	33.5
14	10wt%		29.5
15	20wt%		29

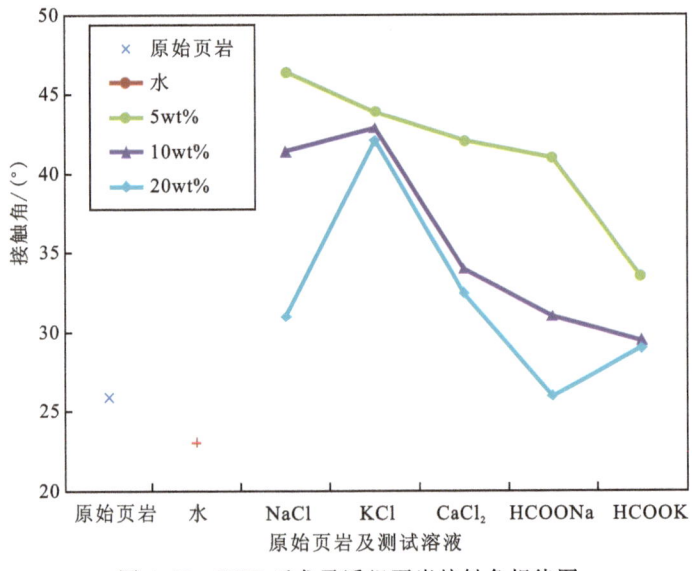

图 4.27 PTT 后龙马溪组页岩接触角规律图

对于不同类型和浓度的盐溶液,龙马溪组页岩在 PTT 后达到最大接触角时所选用的盐溶液为 5wt%NaCl(46.5°),而龙马溪组页岩达到最小接触角时所选用的盐溶液为 20wt%HCOONa(26°)。随着盐浓度的增加,接触角波动最大的盐溶液为 NaCl 溶液,KCl 溶液的页岩样品接触角始终处于较大值。在相同浓度的盐溶液中,NaCl、KCl、$CaCl_2$、HCOONa 和 HCOOK 有相同的接触角变化趋势。

4.5.3 接触角数据分析

较大的接触角可减小液体与页岩裂缝或微裂缝之间的接触面积,从而降低液体进入裂缝或微裂缝的可能性,减轻裂缝和微裂缝的水化,防止孔隙压力增加。最终可以增强钻井液柱的有效支撑应力,提高井壁稳定性[251-252]。

对于页岩而言,利用低渗透亲水油层将岩石表面从水湿润调整成油湿润,可以减少水的侵害。含有乳化剂的油基钻井液在油-水界面处提供小液滴,在水相中提供高浓度的 $CaCl_2$,利用渗透梯度以最小化油滤液侵入页岩中。Mirchi 等[253]发现 Mancos 页岩的润湿性随 pH 值改变(pH 为 4.27 和 10)而改变,这已通过测量接触角数据得到证实。商业化合物表面活性剂可有效降低水基钻井液或淡水的表面张力,增大它们与页岩的接触角。然而,盐溶液对页岩润湿性的影响较少提及[254]。

当页岩在没有压力的情况下被浸润时,接触角变化很小。但在实际的钻井过程中,钻井液在页岩表面会形成一定的压力,此时页岩会发生渗流和水化作用,测得的接触角与实际工况下页岩所具有的接触角数值更加接近。通过重复测试,结果保持不变。这从另一个角度(接触角)证明,盐溶液对页岩气水平井的稳定性有积极影响。AFM 图像(图 2.4)显示了龙马溪组页岩的表面结构,图 4.28 为盐溶液对页岩润湿性影响的原理图。当页岩与不同浓度的盐溶液接触时,研究结果可为页岩表面结构与润湿性之间的关系提供依据。

液滴模型为 Wenzel 接触角模型[255],ΔP 是毛细作用力,P_g 是被捕获的气体(区域 C)产生的压缩力。当 $P_g=\Delta P$ 时,液滴处于平衡状态(图 4.28)。页岩的表面受压力冲击和水化作用的影响,最终区域 C 的面积减小且 ΔP 增加。为保持液滴平衡,P_g 也会变大,并且接触角会更大。盐溶液增大接触角的机理在于,在一定的压力下,页岩与盐水基钻井液之间的相互作用使 P_g 变大。

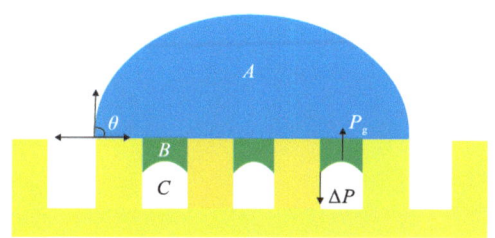

图 4.28 润湿性原理图

为了探究接触角变大在实际中发挥的作用,研究了接触角与接触面积的关系,假定接触角为 θ,页岩的接触面积为 S。测试过程中滴下的液滴大小恒定,假定体积为 1,S 与 θ 的关系

式为

$$S=\left\{6\sqrt{\pi}\bigg/\left[\frac{3}{\sin\theta}-\frac{3}{\tan\theta}+\left(\frac{1}{\sin\theta}-\frac{1}{\tan\theta}\right)^3\right]\right\}^{\frac{2}{3}} \quad (4.5)$$

当接触角增大50%时,接触面积降低40.5%,因此增大接触角能有效减小钻井液与页岩的接触面积,抑制页岩的水化膨胀,阻缓压力传递和裂缝的进一步扩展,达到增强井壁稳定性的效果。

但是,在实验室中获得的页岩渗透率、膜效率和接触角结果与实际状况也会有一定的差异。因为在实验室中,可以保证绝对精度情况下控制作用于页岩的应力、孔隙流体压力和化学成分,同时,来自不同地区的页岩样本可能带来数据差异,这意味着在实际情况下,页岩对盐溶液的响应可能比实验室样本中的要复杂得多。尽管如此,不同浓度和不同类型盐溶液对页岩的渗流过程、膜效率和接触角影响结果依然有效,评估盐溶液对龙马溪组页岩影响时上述结果更具参考价值。

水溶液PTT后页岩接触角变小,相反,盐溶液PTT后页岩的接触角比原始样品的接触角更大。此外,页岩经过压力传递后,不同浓度、相同类型盐溶液的页岩接触角规律为5wt%>10wt%>20wt%。

第5章 增强井壁稳定性的纳米盐水基钻井液体系

基于纳米材料物理封堵及盐溶液化学抑制结合的协同理论,为增强页岩井壁稳定性,笔者提出了一套可用于页岩气水平井钻井的水基钻井液体系,同时依据页岩气水平井对钻井液的要求,测试钻井液流变性能、滤失性、水活度、润滑性、抑制性、抗温性和润湿性,并对钻井液进行微观分析、流型分析和环保性分析,同时对页岩样品进行压力传递实验,测试盐水基钻井液配方维持井壁稳定效果。

在页岩气钻井过程中,地底温度在120℃左右,因此,热稳定性测试必不可少。滤失性直接决定侵入页岩中的水分含量,润滑性可减少不必要的能量损失,特别是针对长水平段的页岩气井。抑制性直接影响井壁稳定性,而环保性能良好符合环保要求。压力传递测试是直接反映钻井液对井壁稳定性能影响效果的有效手段。

5.1 实验方法

5.1.1 基于纳米材料物理封堵和盐溶液化学抑制的协同方法

在钻进页岩气水平井时,由于页岩地层吸水膨胀,层理裂缝发育,因而钻井液体系的优选需要考虑以下方面:水化膨胀、井壁稳定性、提高钻速和减少漏失。针对页岩地层的水敏性及页岩孔隙物理特征,钻井液体系需要具有良好的流变性、抑制性、抗温性、较优的润滑性,以及盐水体系中的添加剂抗盐性,结合本书研究内容,笔者提出了适用于页岩气水平井地层的水基钻井液体系协同理论。

5.1.1.1 纳米 SiO_2 物理封堵

纳米 SiO_2 分散液是稳定性较好的分散液体系,其表面存在不饱和的残键和羟基,表面因缺乏氧原子而偏离了稳定的硅氧结构,TEM 测试表明不存在团聚现象(图 5.1),并且颗粒直径分布在 10~20nm 之间,对于纳米级孔喉及孔隙发育的泥页岩,由于纳米 SiO_2 与其有较高的孔隙匹配度,因而非常容易挤入纳米级的孔喉,并形成有效的架桥封堵。

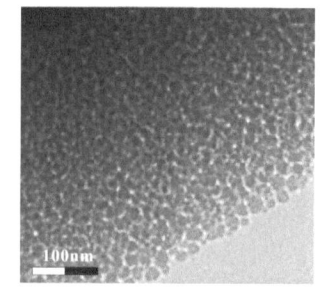

图 5.1 纳米 SiO_2 分散液的 TEM 图像

浸泡于纳米 SiO_2 分散液中的泥页岩样品的 SEM 图像显示,纳米 SiO_2 颗粒可以有效封堵与其粒径相匹配的泥页岩孔隙,或者通过交联作用聚结在一起对粒径较大的页岩孔隙及孔喉进行物理封堵[13]。纳米 SiO_2 不会封堵所有的泥页岩孔隙,但不论在微观还是在宏观上,泥页岩孔喉半径都有一定程度的减小。根据 Young-Laplace 毛细管压力公式,$P_c = 2\sigma\cos\theta/r$,当孔隙半径 r 减小时,泥页岩孔隙毛细管压力变大,阻碍了钻井液对泥页岩的侵入。

因此,纳米 SiO_2 能阻止钻井液中其他组分对泥页岩孔喉进行更深入的入侵,降低了泥饼中黏土矿物的含量,最终形成较薄的泥饼。同时,在形成的泥饼表面堆积的大量纳米 SiO_2 颗粒,也可以对泥饼表面的孔隙进行有效封堵,使泥饼表面更加致密,进一步增强井壁稳定性;同时近球形的纳米 SiO_2 颗粒可以起到纳米级轴承的作用,提高泥饼的润滑性能,有效减小钻头和钻具的摩阻力。

因此,纳米 SiO_2 可以填充泥页岩纳米级孔隙,起到物理封堵的效果,减缓压力传递,不会造成钻井液液柱的有效支撑应力下降,进而引起井壁失稳。

5.1.1.2 纳米 SiO_2 吸附成膜机理

另外,颗粒的小尺寸效应会导致颗粒的比表面积显著增加,所以颗粒更易与其他物质发生吸附。当纳米材料处理剂与黏土颗粒接触时,起活性作用的阳离子与非离子表面活性剂的亲水基均可吸附在黏土颗粒表面,中和黏土颗粒表面的负电性,并可排斥具有较厚水化膜的层间阳离子。同时,纳米材料分散剂已经优先吸附在井壁上,分散剂中的有机质由于表面活性剂在井壁处的吸附作用,在井壁围岩处容易发生聚集并形成带,继而在井壁上形成一层隔膜,极大地阻止水分的侵入,从而有效地阻碍黏土颗粒的运移,能够较好地保持井壁稳定并保护储层[14]。

5.1.1.3 化学活度平衡

由于泥页岩的渗透率极低,可阻止部分离子通过而起到半透膜作用[256],泥页岩与钻井液间的半透膜效率可通过调整钻井液类型和钻井液水活度来进行改善,使化学渗透压力部分抵消水力压差引起的压力传递和滤液侵入,甚至使地层水流向井眼内部,促进井壁稳定,即形成水活度差诱导的"化学反渗透"[257]。

5.1.1.4 化学抑制

处理剂水溶性部分含量大且含大量电负性大离子,具有电负性的离子通过化学作用附着于黏土或者页岩的正电荷的边缘,并与正电荷相结合,防止液体进入页岩。降低滤失量,抑制黏土膨胀和页岩分散,从而降低页岩坍塌的可能性,提高井壁的稳定性。对于破碎地层的井壁稳定,具有极性基团的处理剂颗粒,可以黏结或吸附于破碎地层的裂缝表面,降低黏结面的滤失量并在黏结面两端建立压差[19],同样可以保持井壁稳定。

5.1.1.5 合理密度支撑

合理控制钻井液密度,保持对井壁的有效应力支撑是井壁力学稳定的必要条件之一,添加重晶石,即可调节钻井液密度,同时使得体系经历高温后保持稳定。特别是泥页岩,必须充分考虑盐水基钻井液与井壁间的压力传递以及泥页岩水化应力对井壁应力状态的影响。受孔隙压力传递、水化膨胀以及水化引起的岩石力学参数变化等诸多因素的影响,泥页岩地层的坍塌压力和破裂压力不断变化[20]。

5.1.1.6 协同理论

基于"纳米 SiO_2 物理封堵-吸附成膜-化学抑制-活度平衡"的协同理论,纳米 SiO_2 的抗高温盐水基钻井液的防塌作用机理如下:①凹凸棒土具有抗盐效果,通过实验得知,凹凸棒土和钠土比例为1∶1时,体系的抗盐抗温稳定性最佳;②纳米 SiO_2 在高温下保持稳定,同时纳米级颗粒可以填充泥页岩纳米级孔隙,起到物理封堵的效果,同时可以阻缓压力传递,不会因为钻井液液柱有效支撑应力下降而引起井壁失稳;③在水基泥浆中加入无机盐,降低其水活度,就可降低水通过页岩的运移速度,水活度越小,泥页岩水化程度越小;④对经纳米 SiO_2 污染的具有纳米级孔隙的煤岩进行反向驱替和表层切片处理后,气体渗透率恢复率高达72%~96%[21],说明纳米 SiO_2 能有效降低储层伤害。

5.1.2 实验材料、实验仪器和评价方法

5.1.2.1 实验材料

钠土、凹凸棒土、纳米 SiO_2 分散液(30wt%)、Pure-bore、Pure-bore-lv、钻井液用褐煤树脂(SPNH)、HCOONa、Na_2CO_3、重晶石。页岩样品取自重庆秀山,用于膨胀量测试和滚动回收测试的页岩岩粉同样来自秀山,其矿物成分见表2.1。

5.1.2.2 实验仪器

HKY-3页岩压力传递实验装置、JC2000C型接触角测量仪、电感耦合等离子体质谱仪(ICP-MS)、扫描电子显微镜(SEM)、ZNS-5A中压滤失仪、ZNN-D6六速旋转黏度计、EP-2极压润滑仪、LabSwift水活度测试仪、电动pH测试仪、强力搅拌机、电热鼓风恒温干燥箱、恒温水浴锅、OFITE热滚炉、岩心钻取机、岩心切割机、岩心压制机、模具、游标卡尺、ZNP-1型膨胀量测定仪、秒表、酒精灯、玻璃棒等。

5.1.2.3 评价方法

测试盐水基钻井液黏度性能、滤失性、水活度、润滑性、抑制性、抗温性和润湿性,并对钻井液进行微观分析、流型分析和环保性分析,同时对页岩样品进行压力传递实验,测试水基钻井液维持井壁稳定效果。具体测试方法在单项实验结果部分会进行简要介绍。

5.2 基于纳米颗粒的盐水基钻井液体系实验数据

5.2.1 高性能盐水基钻井液体系配方

市售液体纳米 SiO_2，10L 价格为 50 元。假设 1L 溶液中添加 5wt% 纳米材料，水的成本可基本忽略，1L 溶液中添加的纳米材料的成本为 0.25 元，而一桶原油价格在 60 美元左右，远远高于盐水基钻井液中添加的纳米材料价格。

基于前期对纳米材料物理封堵的实验研究，以及纳米颗粒在孔隙中流动和封堵的模拟研究，结合盐溶液化学抑制作用对页岩渗流过程、膜效率和润湿性的影响规律，综合页岩气水平井井壁稳定理论及其所需参数，笔者提出了一套基于纳米材料的盐水基钻井液体系（水基钻井液），体系配方如下。

水 + 1.5wt% 膨润土 + 1.5wt% 凹凸棒土 + 5wt% SiO_2 + 1.5wt% Pure-bore 体系（0.9wt%Pure-bore + 0.6wt%Pure-bore-lv）+ 2wt%SPNH + 20wt%HCOONa + 0.5wt% Na_2CO_3 + 10wt% 重晶石。

5.2.2 基础性能测试

在热稳定性实验中，采用 OFITE 热滚炉将盐水基钻井液加热至 150℃，持续 16h，然后冷却至室温。通过 ZNN-D6 六速旋转黏度计评估流体黏度。600 转和 300 转时的读数可分别标记为 θ_{600} 和 θ_{300}。之后，在室温下(20℃)压力差为 0.69MPa 时，通过 ZNS-5A 中压滤失仪测试盐水基钻井液的滤失性能 30min。

表 5.1 显示不同温度下钻井液体系参数及其测试结果，其中包括钻井液流变性质、表观黏度(AV)、塑性黏度、剪切应力(YP)、滤失量(FL)、润滑性能和水活度。钻井液体系 AV 性能基本保持不变(图 5.2)。在加热过程中，钻井液体系的表观黏度为 46mPa·s，100℃条件下达到最大值，钻井液体系剪切应力在 150℃条件下仍可达到 12Pa。钻井液体系动塑比在不同温度下维持在 0.43Pa/mPa·s 左右(图 5.3)。滤失量存在一定的变化，常温下滤失量为 4mL 左右，在 120℃时滤失量达到最大值(7.5mL)，滤液 pH 值维持在 7 或 8，基本不变(图 5.4)。

表 5.1 盐水基钻井液体系的基本性能测试结果

温度/℃	AV/(mPa·s)	PV/(mPa·s)	YP/Pa	动塑比/(Pa·mPa^{-1}·s^{-1})	FL/mL	pH 值
25	46	32	14	0.437	3.6	8
80	46.5	32	14.5	0.453	6	8
100	47.5	33	14.5	0.439	7	8
120	46	32	14	0.438	7.5	7
130	45	31	14	0.452	7	7
150	44	32	12	0.375	6	7

第 5 章 增强井壁稳定性的纳米盐水基钻井液体系

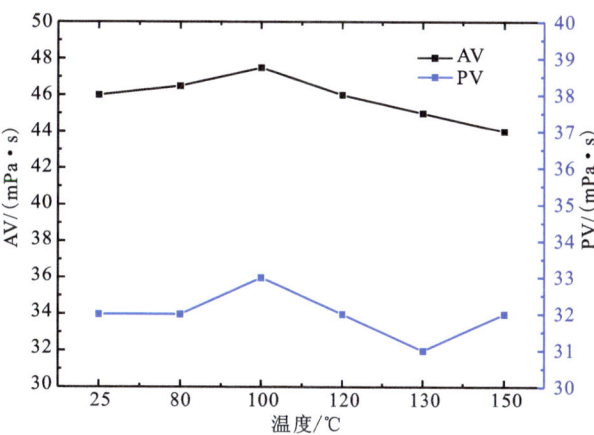

图 5.2 不同温度下体系表观黏度和塑性黏度

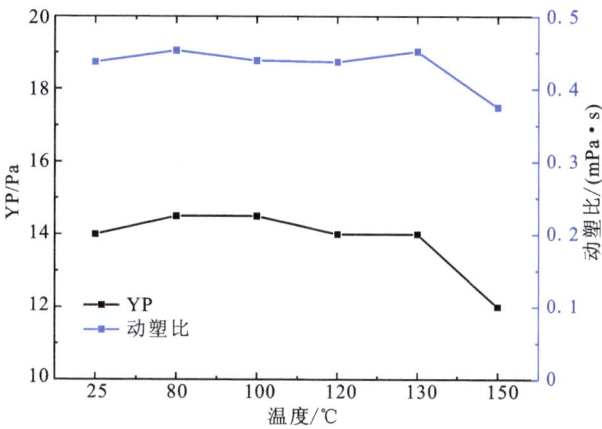

图 5.3 不同温度下体系动切力和动塑比

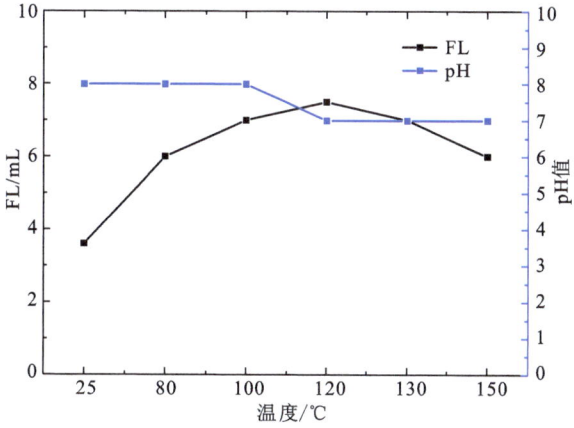

图 5.4 不同温度下体系滤失量和 pH 值

5.2.3 水活度及润滑性评价

在不同温度下热滚,测量盐水基钻井液水活度及润滑性。用 EP-2 极压润滑仪测量摩擦系数。将电动机转速调至 60 转,并将扭矩加载至 15.96N·m。测试程序须符合 API 标准,观察电流表读数直到其稳定。水的润滑系数应为 0.33～0.36,如果超出范围,须继续在水中研磨转子,预热仪器 5min 后,仪器指针应在实验前调整为零。LabSwift 水活度测试仪可分析溶液水活度。选择分析模式,在预热阶段,可以提前开始测量,但不会输出测量数据。用待测量的钻井液填充样品盒,样品盒须保持完全清洁和干燥。

盐水基钻井液的水活度以及热滚后泥浆的水活度和润滑性能测试结果如表 5.2 所示。

表 5.2 不同温度老化后盐水基钻井液的水活度测试结果

热滚温度	水活度(测试温度)	润滑系数(测试温度)
25℃	0.895 (12.7℃)	0.19 (12.7℃)
80℃	0.892 (12.7℃)	0.192 (12.7℃)
100℃	0.89 (12.6℃)	0.194 (12.6℃)
120℃	0.897 (13.2℃)	0.19 (13.2℃)
130℃	0.894 (12.8℃)	0.198 (12.8℃)
150℃	0.889 (13.5℃)	0.21 (13.5℃)

在页岩气水平井钻井过程中,不仅要面临漏失和坍塌的技术问题,还须降低摩擦阻力,保证钻屑转移。优异的润滑性能非常有利于降低钻头和井壁间的摩擦阻力。摩擦系数在室温条件下维持在 0.2 左右,波动范围较窄(图 5.5)。对于需要较低摩擦系数的页岩地层,可以添加 5% 聚乙二醇(PEG)以将摩擦系数降低至 0.13,同时流变性和过滤性能可以保持稳定。较低的水活度有助于在一定程度上改善页岩的井壁稳定性。上述体系的盐水基钻井液水活度维持在 0.889～0.897 之间,表明体系具有良好的耐高温性能(图 5.5)。

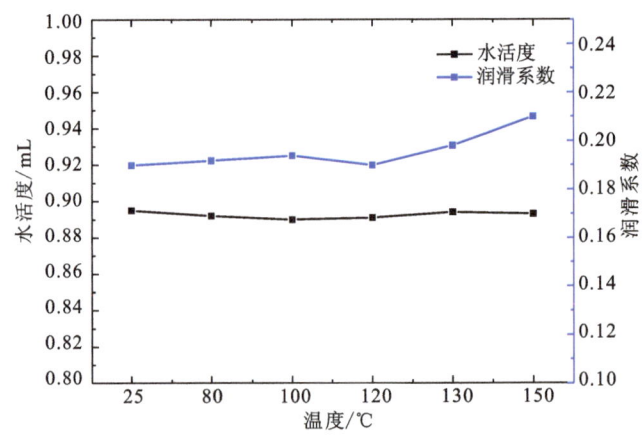

图 5.5 不同温度下体系的水活度和润滑系数

5.2.4 流体流型分析

研究剪切应力τ和剪切速率γ之间的对应关系,需要使用最小二乘法。在拟合过程中,根据决定系数(R^2)、检验值(F)及显著水平(p)来选择最优的流变模型。使用Matlab计算,采用非线性最小二乘法对曲线回归方程求解,R^2大表示观测值y_i与拟合值y_i'比较接近,也就意味着从整体上看,n个点的散布离曲线较近。因此R^2大的拟合方程更加符合实际情况,将p看作平均残差平方和的算术根,p给出了观测点与回归曲线偏离的一个量值。当使用不同的流变方程进行拟合时,取决定系数R^2与检验值F最大,同时p值最小的方程,优选出来的模型可以作为此盐水基钻井液的参考,结果如表5.3所示。

综合考虑在不同温度下R^2、F和p的值,钻井液体系的最佳流变模型是赫-巴模型(表5.3)。

表5.3 不同温度下盐水基钻井液体系流型拟合公式

流型	决定系数(R^2)、检验值(F)和显著水平(p)			
	25℃	80℃	120℃	150℃
宾汉	$\tau=7.132+0.042\times\gamma$ $R^2=0.9774$, $F=172.61$, $p=0.0002$	$\tau=8.3287+0.047\times\gamma$ $R^2=0.9502$, $F=76.24$, $p=0.0009$	$\tau=7.8344+0.056\times\gamma$ $R^2=0.9825$, $F=224.78$, $p=0.0001$	$\tau=7.2306+0.05\times\gamma$ $R^2=0.9710$, $F=133.83$, $p=0.0003$
幂律	$\tau=0.9091\times\gamma^{0.569}$ $R^2=0.9866$, $F=295.44$, $p=0.0001$	$\tau=1.332\times\gamma^{0.53}$ $R^2=0.9984$, $F=2429.14$, $p=0.000$	$\tau=0.822\times\gamma^{0.622}$ $R^2=0.9920$, $F=496.49$, $p=0.000$	$\tau=0.8848\times\gamma^{0.595}$ $R^2=0.9964$, $F=1102.05$, $p=0.000$
卡森	$\tau^{1/2}=3.541^{1/2}+$ $0.026^{1/2}\times\gamma^{1/2}$ $R^2=0.9967$, $F=1203.03$, $p=0.000$	$\tau^{1/2}=3.472^{1/2}+$ $0.032^{1/2}\times\gamma^{1/2}$ $R^2=0.9869$, $F=302.22$, $p=0.0001$	$\tau^{1/2}=3.584^{1/2}+$ $0.036^{1/2}\times\gamma^{1/2}$ $R^2=0.9991$, $F=4439.37$, $p=0.000$	$\tau^{1/2}=3.002^{1/2}+$ $0.034^{1/2}\times\gamma^{1/2}$ $R^2=0.9955$, $F=883.15$, $p=0.000$
赫-巴	$\tau=3.968+0.310\times\gamma^{0.716}$ $R^2=0.9977$, $F=648.28$, $p=0.0001$	$\tau=1.940+0.902\times\gamma^{0.583}$ $R^2=0.9999$, $F=11704.06$, $p=0.000$	$\tau=4.126+0.344\times\gamma^{0.740}$ $R^2=0.9999$, $F=13677.87$, $p=0.000$	$\tau=2.669+0.494\times\gamma^{0.674}$ $R^2=1$, $F=50136.06$, $p=0.000$

5.2.5 抑制性评价

为评价盐水基钻井液体系的抑制性能,进行膨胀性测试和滚动回收测试,用于膨胀性测试的页岩样品,其岩心采用秀山页岩,过100目筛网,总重10g。压力条件为15MPa,保压

5min,同时一次性压制所有岩心,以避免外部环境引起的误差。岩心初始高度为10.5mm。使用精度为0.01mm的ZNP-1型膨胀量测定仪,在16h内测量膨胀量。用于滚动回收的页岩样品同样取自重庆秀山,其矿物成分见表2.1。

5.2.5.1 膨胀量实验

将标准样品分别浸泡在水、4wt%NaCl、20wt%HCOONa和盐水基钻井液体系中进行膨胀量测试。页岩本身易于水化和膨胀,导致井壁失稳,虽然盐水对页岩水化有一定程度的抑制作用,但在盐水基钻井液中加入环保材料Pure-bore,可以大大减小页岩膨胀量和膨胀率。

16h后,页岩在盐水基钻井液体系中的膨胀量比在水中的膨胀量降低61.93%(图5.6),表明环保材料Pure-bore可以强烈抑制页岩水化。4wt%NaCl是最接近地层水的盐溶液,盐水基钻井液体系相对于4wt%NaCl,页岩膨胀量降低了58.82%。

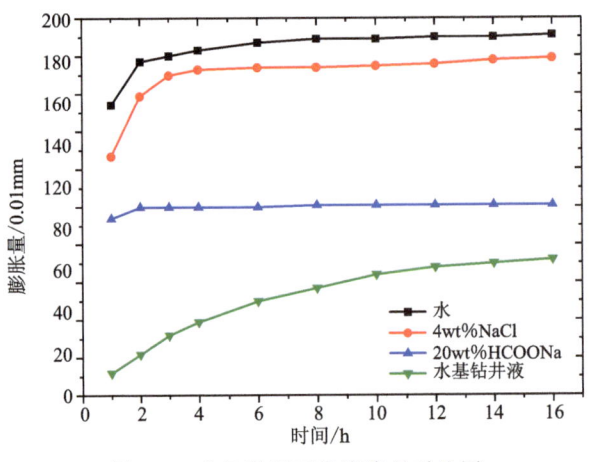

图5.6 龙马溪组页岩膨胀量对比图

5.2.5.2 滚动回收率实验

同样的,在水、4wt%NaCl、20wt%HCOONa和盐水基钻井液体系中,分别测试龙马溪组页岩滚动回收率,比较页岩在与溶液高温接触后的水化效果,结果见表5.4和图5.7。

表5.4 龙马溪组页岩滚动回收实验结果

测试溶液	实验前质量/g	实验后质量/g	回收率/%
水	50	40.81	81.62
4wt%NaCl	50	41.68	83.36
20wt%HCOONa	50	43.21	86.41
盐水基钻井液	50	46.5	93

第 5 章 增强井壁稳定性的纳米盐水基钻井液体系

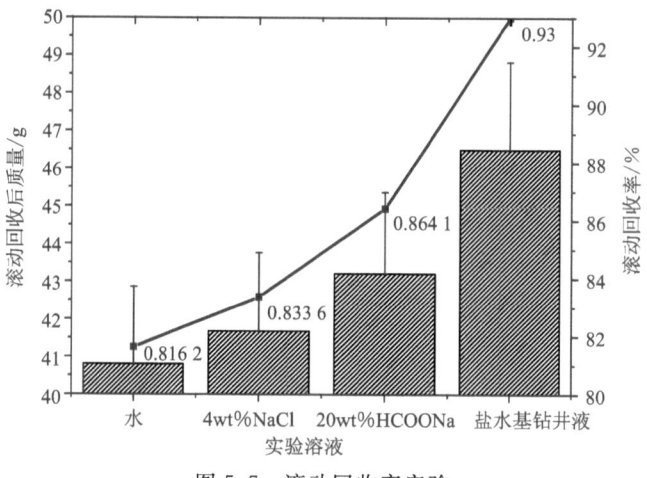

图 5.7 滚动回收率实验

对比数据可知,20wt%HCOONa 拥有良好的抑制性,由于 Pure-bore 与盐水的协同作用,盐水基钻井液体系的抑制性能提高 7%,可达到抑制页岩水化膨胀,增强井壁稳定性的效果。

5.2.6 润湿性评价

接触角测试结果表明,20wt%HCOONa 对于页岩接触角的改变非常小(表 5.5 和图 5.8)。盐水基钻井液体系中未添加表面活性剂时,其接触角约为 38°。

表 5.5 接触角对比结果

测试溶液	接触角/(°)
水	23.1
20wt%HCOONa	26
盐水基钻井液	38

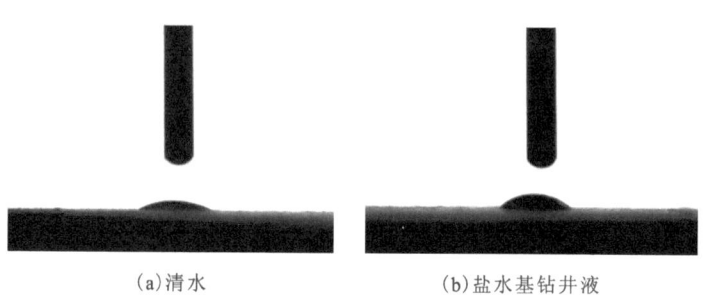

(a)清水　　　　　　(b)盐水基钻井液

图 5.8 不同体系接触角对比图

5.2.7 环保性评价

表 5.6 为 Pure-bore 各元素的质量百分比(wt%)和原子百分比(at%),环保材料 Pure-bore 的组成元素主要是 C、O、Na，还有少量 Cl（表 5.6 和图 5.9），材料中没有金属元素，材料本身对环境没有污染。Pure-bore 的微观形貌如图 5.10 所示。

表 5.6 Pure-bore 组分

元素	wt%	at%
C	52.91	62.94
O	28.90	25.80
Na	17.99	11.18
Cl	00.20	00.08

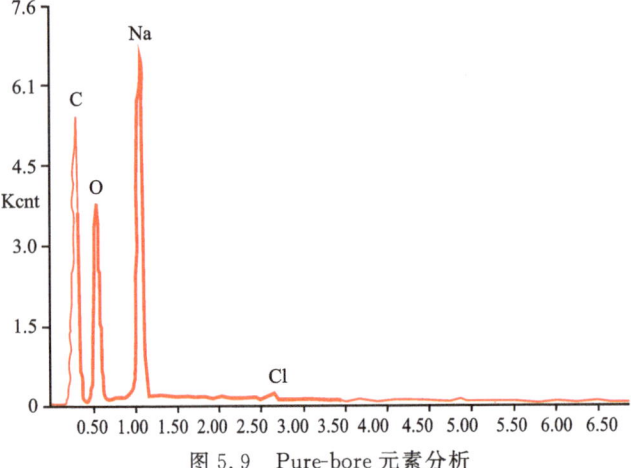

图 5.9 Pure-bore 元素分析

图 5.10 Pure-bore SEM 图像

采用两种主流方法分析盐水基钻井液的环保特性。一种方法是重金属分析，另一种方法为更高标准的生物毒性测试。对于重金属分析，应用电感耦合等离子体质谱仪（ICP-MS）分析盐水基钻井液体系中的重金属。该方法可以确定钻井液是否含有可能污染环境的重金属离子。

对于生物毒性实验，采用生物发光细菌毒性评价方法。发光细菌是一种非致病性海洋细菌，其光峰值在 490nm。发光细菌的光现象是一种自然的代谢反应。当发光细菌与有毒物质接触时，其发光强度将相应降低。该方法是将盐水基钻井液和 3.0wt%NaCl 溶液以 1∶9 的体积比均匀混合，将混合物静置 60min，并将中间悬浮液作为测试溶液。将悬浮液稀释成不同浓度，分别用生物毒性实验仪测定。当发光细菌的相对发光度与 3.0wt%NaCl 溶液发光度相比减小一半时，实验溶液的浓度为盐水基钻井液浓度的 EC_{50} 值。用酶标仪（GloMax-Multi）可以测量钻井液的生物毒性。

细菌的相对光度的计算公式为

$$RLum = \frac{Lum_0 - Lum_{15} - ALum}{BCLum_{15}} \times 100\% \tag{5.1}$$

$$ALum = BCLum_0 - BCLum_{15} \tag{5.2}$$

式中：$RLum$ 为相对亮度(%)；Lum_0 为 0min 时的光强度(10^7)；Lum_{15} 为 15min 时的光强度(10^7)；$ALum$ 为自然衰变光度(10^7)；$BCLum_0$ 为 0min 时的空白控制亮度(10^7)；$BCLum_{15}$ 为 15min 时的空白控制亮度(10^7)。

钻井泥浆中的重金属主要包括 Cd、Hg、Cr、Cu、Pb 和 As。Cr 和 Hg 的含量分别为 0.000 06mg/L 和 0.001 96mg/L (表 5.7)。根据世界银行集团发布的《陆上石油天然气开发业环境、健康与安全指南》，重金属总含量不应超过 5mg/L，同时 USEPA-1664A 规定镉(Cd)含量不得超过 1mg/L，钻井液中的汞(Hg)含量不得超过 3mg/L。因此，盐水基钻井液体系的金属含量符合标准。

表 5.7 盐水基钻井液重金属含量分析结果

测试项目	标准要求	测试结果/(mg·L^{-1})
Cd	1	0.000 06
Hg	3	0.001 96
Cr	—	0.049 2
Cu	—	0.311
Pb	—	0.006 69
As	—	0.183 5
总计	5	0.552 41

当使用 100% 盐水基钻井液(100 000mg/L)时，生物细菌的相对光度为 27.5%，细菌光度衰减值仍小于 50%(表 5.8)。根据生物毒性等级分类标准，EC_{50} 大于 10 000mg/L 和 30 000mg/L 时[258]，盐水基钻井液体系是无毒的并且达到排放标准(表 5.9)。细菌生物毒性实验和重金属含量分析实验结果表明，盐水基钻井液配方具有环保特性。

表 5.8 盐水基钻井液生物毒性测试结果

测试项目		0（对比）	25%溶液	50%溶液	60%溶液	80%溶液	90%溶液	100%溶液
EC_{50}/(mg·L^{-1})		0	25 000	50 000	60 000	80 000	90 000	100 000
0 min	光照强度 1/×10^7	1.5	1.80	1.80	1.80	2.00	2.00	1.90
	光照强度 2/×10^7	1.9	1.80	1.80	1.90	1.80	1.90	1.80
	光照强度 3/×10^7	1.9	1.80	2.00	2.00	2.00	2.00	1.90
	平均值/×10^7	1.77	1.80	1.87	1.90	1.93	1.97	1.87
15min	光照强度 1/×10^7	0.85	0.92	0.86	0.81	0.86	0.88	0.74
	光照强度 2/×10^7	0.97	0.97	0.93	0.86	0.81	0.86	0.77
	光照强度 3/×10^7	0.94	0.95	1	0.92	0.85	0.87	0.79
	平均值/×10^7	0.92	0.947	0.93	0.863	0.84	0.87	0.767
相对光度/%		—	0.326	9.78	20.65	26.09	27.17	27.5

图 5.9 生物毒性标准及盐水基钻井液分析结果

测试项目	$EC_{50}/(mg \cdot L^{-1})$	毒性
盐水基钻井液体系	>10 000	无毒
	>30 000	符合排放标准

5.2.8 井壁稳定性性能评价

在前期的实验中,测试不同盐溶液的压力传递效果,为了更接近真实情况,使用盐水基钻井液对秀山页岩进行压力传递实验。设置围压为 2.5MPa,上游压力控制在 1.5MPa 左右,每分钟记录一次数据,页岩岩心高 5mm、直径为 25mm。为了模拟井下实际情况,加入了 4wt% NaCl 模拟地层水,并用 4wt% NaCl 进行对照测试,压力传递实验曲线和计算的页岩渗透率结果如图 5.11、表 5.10 所示。

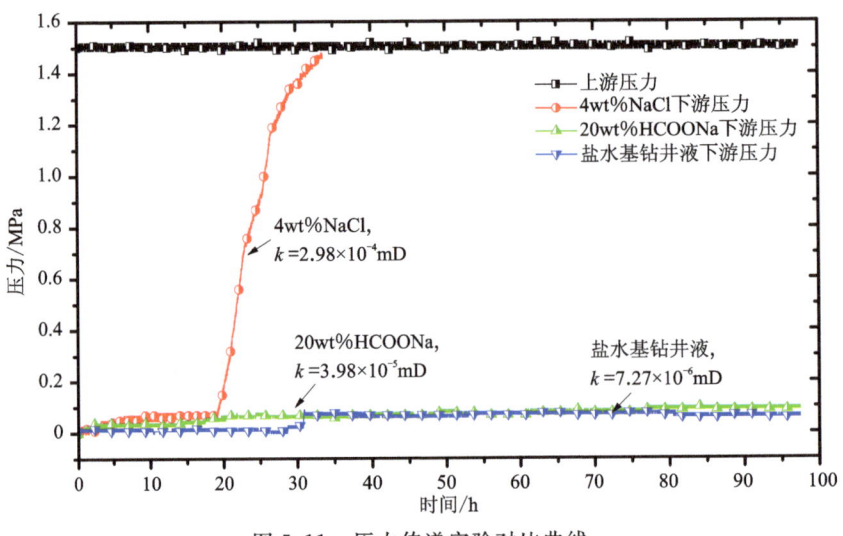

图 5.11 压力传递实验对比曲线

表 5.10 盐水基钻井液体系压力传递实验数据

配方	测试时间/h	页岩渗透率/mD	渗透率降低率/%
4wt%NaCl	100	2.98×10^{-4}	—
20wt%HCOONa	100	3.98×10^{-5}	86.64
盐水基钻井液体系	100	7.27×10^{-6}	97.56

由图 5.11 及表 5.10 可知,在盐水基钻井液环境中,页岩渗透率为 7.27×10^{-6} mD,与 4wt% NaCl 相比,降低了 97.56%。说明即使在高浓度盐水环境中,盐水基钻井液体系依然可以降低页岩渗透率,增强井壁稳定性。

参考文献

[1] LAW B E, CURTIS J. Introduction to unconventional petroleum systems[J]. AAPG Bulletin, 2002, 86(11): 1851-1852.

[2] 李新景, 胡素云, 程克明. 北美裂缝性页岩气勘探开发的启示[J]. 石油勘探与开发, 2007, 34(4): 392-400.

[3] 康玉柱. 中国致密岩油气资源潜力及勘探方向[J]. 天然气工业, 2016, 36(10): 10-18.

[4] 姜福杰, 庞雄奇, 欧阳学成, 等. 世界页岩气研究概况及中国页岩气资源潜力分析[J]. 地学前缘, 2012, 19(2): 198-211.

[5] 林腊梅, 张金川, 唐玄, 等. 中国陆相页岩气的形成条件[J]. 天然气工业, 2013, 33(1): 35-40.

[6] 张小龙, 张同伟, 李艳芳, 等. 页岩气勘探和开发进展综述[J]. 岩性油气藏, 2013, 25(2): 116-122.

[7] 刘伟, 伍贤柱, 韩烈祥, 等. 水平井钻井技术在四川长宁-威远页岩气井的应用[J]. 钻采工艺, 2013, 36(1): 114-115.

[8] 王兰生, 廖仕孟, 陈更生, 等. 中国页岩气勘探开发面临的问题与对策[J]. 天然气工业, 2011, 31(12): 119-122.

[9] MANOHAR R S, RAO P H. Effect of emulsifiers, fat level and type on the rheological characteristics of biscuit dough and quality of biscuits[J]. Journal of the Science of Food and Agriculture, 1999, 79(10): 1223-1231.

[10] 王中华. 页岩气水平井钻井液技术的难点及选用原则[J]. 中外能源, 2012, 17(4): 43-47.

[11] CHENEVERT M E. Shale alteration by water adsorption[J]. Journal of Petroleum Technology, 1970, 22(9): 1141-1148.

[12] 刘玉石. 地层坍塌压力及井壁稳定对策研究[J]. 岩石力学与工程学报, 2004, 23(14): 2421-2423.

[13] EWY R T, MORTON E K. Wellbore-stability performance of water-based mud additives[J]. SPE Drilling & Completion, 2009, 24(3): 390-397.

[14] 邱正松, 徐加放, 吕开河, 等. "多元协同"稳定井壁新理论[J]. 石油学报, 2007, 28(2): 117-119.

[15] CHENEVERT M E. Shale control with balanced-activity oil-continuous muds[J]. Journal of Petroleum Technology, 1970, 22(10): 1309-1316.

[16] 王建华, 鄢捷年, 丁彤伟. 高性能水基钻井液研究进展[J]. 钻井液与完井液, 2007, 24(1): 71-75.

[17] 张克勤, 方慧, 刘颖, 等. 国外水基钻井液半透膜的研究概述[J]. 钻井液与完井液, 2003, 20(6): 1-5.

[18] 孙金声, 汪世国, 张毅, 等. 水基钻井液成膜技术研究[J]. 钻井液与完井液, 2003, 20(6): 6-10.

[19] PRAKASH K, SRIDHARAN A. Free swell ratio and clay mineralogy of fine-grained soils[J]. Geotechnical Testing Journal, 2004, 27(2): 220-225.

[20] KOLSTAD D C, BENSON C H, EDIL T B. Hydraulic conductivity and swell of nonprehydrated geosynthetic clay liners permeated with multispecies inorganic solutions[J]. Journal of Geotechnical and Geoenvironmental Engineering, 2004, 130(12): 1236-1249.

[21] DAY R W, FELLOW A S C E. Swell-shrink behavior of compacted clay[J]. Journal of Geotechnical Engineering, 1994, 120(3): 618-623.

[22] PATEL H A, SOMANI R S, BAJAJ H C, et al. Preparation and characterization of phosphonium montmorillonite with enhanced thermal stability[J]. Applied Clay Science, 2007, 35(3/4): 194-200.

[23] 伏万军. 黏土矿物成因及对砂岩储集性能的影响[J]. 古地理学报, 2000, 2(3): 59-68.

[24] MUNGAN N. Permeability reduction through changes in pH and salinity[J]. Journal of Petroleum Technology, 1965, 17(12): 1449-1453.

[25] YANO K, USUKI A, OKADA A, et al. Synthesis and properties of polyimide-clay hybrid[J]. Journal of Polymer Science Part A: Polymer Chemistry, 1993, 31(10): 2493-2498.

[26] 何宏平, 郭龙皋, 谢先德, 等. 蒙脱石等黏土矿物对重金属离子吸附选择性的实验研究[J]. 矿物学报, 1999, 19(2): 231-235.

[27] THOMAS C L, HICKEY J, STECKER G. Chemistry of clay cracking catalysts[J]. Industrial & Engineering Chemistry, 1950, 42(5): 866-871.

[28] SWARTZEN-ALLEN S L, MATIJEVIC E. Surface and colloid chemistry of clays[J]. Chemical Reviews, 1974, 74(3): 385-400.

[29] LORENZ P M. Determination of the cation exchange capacity (CEC) of clay minerals using the complexes of copper (II) ion with triethylenetetramine and tetraethylenepentamine[J]. Clays and Clay Minerals, 1999(47): 386-388.

[30] CHAPMAN H. Cation-exchange capacity[M]//BLACK C A. Methods of soil analysis, Part 2: chemical and microbiological properties. Madison: American Society of Agronomy, 1965.

[31]蒋裕强,董大忠,漆麟,等.页岩气储层的基本特征及其评价[J].天然气工业,2010,30(10):7-12.

[32]田华,张水昌,柳少波,等.压汞法和气体吸附法研究富有机质页岩孔隙特征[J].石油学报,2012,33(3):419-427.

[33]LIANG L, XIONG J, LIU X. Experimental study on crack propagation in shale formations considering hydration and wettability[J]. Journal of Natural Gas Science and Engineering, 2015(23): 492-499.

[34]PATEL A D, STAMATAKIS E, DAVIS E. Shale hydration inhibition agent and method of use: WO-0159028-A3[P]. 2000-02-11.

[35]唐文泉.泥页岩水化作用对井壁稳定性影响的研究[D].青岛:中国石油大学,2011.

[36]林雅琴.黏土颗粒阳离子交换容量的测定[J].大庆石油学院学报,1981(4):11-17.

[37]邱正松,丁锐,于连香.泥页岩比表面积测定方法研究[J].钻井液与完井液,1999,16(1):9-11.

[38]WILSON M, WILSON L. Clay mineralogy and shale instability: an alternative conceptual analysis[J]. Clay Minerals, 2014, 49(2): 127-145.

[39]WENK H -R, VOLTOLINI M, MAZUREK M, et al. Preferred orientations and anisotropy in shales: Callovo-Oxfordian shale (France) and Opalinus Clay (Switzerland)[J]. Clays and Clay Minerals, 2008, 56(3): 285-306.

[40]骆杨,赵彦超,吕新华.东濮凹陷柳屯洼陷沙河街组三段上亚段盐间泥页岩储层特征[J].石油学报,2013,34(2):293-300.

[41]PETERSON R. Rebound in the Bearpaw shale, western Canada[J]. Geological Society of America Bulletin, 1958, 69(9): 1113-1124.

[42]BIRD P. Hydration-phase diagrams and friction of montmorillonite under laboratory and geologic conditions, with implications for shale compaction, slope stability, and strength of fault gouge[J]. Tectonophysics, 1984, 107(3/4): 235-260.

[43]MORRIS S C. The community structure of the Middle Cambrian Phyllopod Bed (Burgess Shale)[J]. Palaeontology, 1986, 29(3): 423-467.

[44]雷又层,向兴金.泥页岩分类简述[J].钻井液与完井液,2007,24(2):63-66.

[45]BUSTIN R M, BUSTIN A M, CUI A, et al. Impact of shale properties on pore structure and storage characteristics[C]//SPE Shale Gas Production Conference, November 16-18, 2008, Fort Worth, Texas, USA. Richardson: Society of Petroleum Engineers.

[46]HORSRUD P. Estimating mechanical properties of shale from empirical correlations[J]. SPE Drilling & Completion, 2001, 16(2): 68-73.

[47]AL-BAZALI T M, ZHANG J, CHENEVERT M E, et al. Measurement of the sealing capacity of shale caprocks[C]//SPE Annual Technical Conference and Exhibition,

October 9-12, 2005, Dallas, Texas, USA. Richardson: Society of Petroleum Engineers.

[48]MILLIKEN K L, ESCH W L, REED R M, et al. Grain assemblages and strong diagenetic overprinting in siliceous mudrocks, Barnett Shale (Mississippian), Fort Worth Basin, Texas[J]. AAPG Bulletin, 2012, 96(8): 1553-1578.

[49]SCHIEBER J, SOUTHARD J B, SCHIMMELMANN A. Lenticular shale fabrics resulting from intermittent erosion of water-rich muds—interpreting the rock record in the light of recent flume experiments[J]. Journal of Sedimentary Research, 2010, 80(1): 119-128.

[50]陈一鸣,魏秀丽,徐欢. 北美页岩气储层孔隙类型研究的启示[J]. 复杂油气藏, 2013, 5(4): 19-22.

[51]邹才能,杨智,崔景伟,等. 页岩油形成机制,地质特征及发展对策[J]. 石油勘探与开发, 2013, 40(1): 14-26.

[52]张抗. 页岩油气发展的中国之鉴——致密油气和煤层气[J]. 天然气工业, 2013, 33(4): 18-25.

[53]TIAN H, ZHANG S, LIU S, et al. Determination of organic-rich shale pore features by mercury injection and gas adsorption methods[J]. Acta Petrolei Sinica, 2012, 33(3): 419-427.

[54]陈尚斌,朱炎铭,王红岩,等. 川南龙马溪组页岩气储层纳米孔隙结构特征及其成藏意义[J]. 煤炭学报, 2012, 37(3): 438-444.

[55]LI Z, JIN Z, FIROOZABADI A. Phase behavior and adsorption of pure substances and mixtures and characterization in nanopore structures by density functional theory[J]. SPE Journal. 2014, 19(6): 1096-1109.

[56]聂海宽,边瑞康,张培先,等. 川东南地区下古生界页岩储层微观类型与特征及其对含气量的影响[J]. 地学前缘, 2014, 21(4): 331-343.

[57]刘树根,马文辛,黄文明,等. 四川盆地东部地区下志留统龙马溪组页岩储层特征[J]. 岩石学报, 2011, 27(8): 2239-2252.

[58]郭旭升,李宇平,刘若冰,等. 四川盆地焦石坝地区龙马溪组页岩微观孔隙结构特征及其控制因素[J]. 天然气工业, 2014, 34(6): 9-16.

[59]郭旭升. 南方海相页岩气"二元富集"规律——四川盆地及周缘龙马溪组页岩气勘探实践认识[J]. 地质学报, 2014, 88(7): 1209-1218.

[60]陈尚斌,朱炎铭,王红岩,等. 四川盆地南缘下志留统龙马溪组页岩气储层矿物成分特征及意义[J]. 石油学报, 2011, 32(5): 775-782.

[61]蒲泊伶,蒋有录,王毅,等. 四川盆地下志留统龙马溪组页岩气成藏条件及有利地区分析[J]. 石油学报, 2010, 31(2): 225-230.

[62]GHANIZADEH A, BHOWMIK S, HAERI-ARDAKANI O, et al. A comparison of shale permeability coefficients derived using multiple non-steady-state measurement techniques: examples from the Duvernay Formation, Alberta (Canada)[J]. Fuel, 2015

(140): 371-387.

[63]DEHGHANPOUR H, LAN Q, SAEED Y, et al. Spontaneous imbibition of brine and oil in gas shales: effect of water adsorption and resulting microfractures[J]. Energy & Fuels, 2013, 27(6): 3039-3049.

[64]BRANDT A R. Converting oil shale to liquid fuels: energy inputs and greenhouse gas emissions of the shell in situ conversion process[J]. Environmental Science & Technology, 2008, 42(19): 7489-7495.

[65]MA T, CHEN P. A wellbore stability analysis model with chemical-mechanical coupling for shale gas reservoirs[J]. Journal of Natural Gas Science and Engineering, 2015 (26): 72-98.

[66]王倩,周英操,唐玉林,等. 泥页岩井壁稳定影响因素分析[J]. 岩石力学与工程学报, 2012, 31(1): 171-179.

[67]HAYATDAVOUDI A, APANDE E. A theoretical analysis of wellbrore failure and stability in shales[C]//The 27th US Symposium on Rock Mechanics (USRMS), June 23-25, 1986, Tuscaloosa, Alabama, USA. Lubbock: American Rock Mechanics Association.

[68]VAN OORT E. On the physical and chemical stability of shales[J]. Journal of Petroleum Science and Engineering, 2003, 38(3/4): 213-235.

[69]SHINWARI M I, KHAN M A. Folk use of medicinal herbs of Margalla Hills National Park, Islamabad[J]. Journal of Ethnopharmacology, 2000, 69(1): 45-56.

[70]FRIEDHEIM J E, YOUNG S, DE STEFANO G, et al. Nanotechnology for oilfield applications-hype or reality?[C]//SPE International Oilfield Nanotechnology Conference and Exhibition, June 12-14, 2012, Noordwijk, The Netherlands. Richardson: Society of Petroleum Engineers.

[71]LIN L, ZHANG J, TANG X, et al. Conditions of continental shale gas accumulation in China[J]. Natural Gas Industry, 2013, 33(1): 35-40.

[72]ZHAO H, CHEN M, JIN Y, et al. Rock fracture kinetics of the fracture mesh system in shale gas reservoirs[J]. Petroleum Exploration and Development, 2012, 39(4): 465-470.

[73]刘敬平,孙金声. 川滇页岩气水平井水基钻井液技术[J]. 钻井液与完井液, 2017, 34(2): 9-14.

[74]SENSOY T, CHENEVERT M E, SHARMA M M. Minimizing water invasion in shales using nanoparticles[C]//SPE Annual Technical Conference and Exhibition, October 4-7, 2009. Richardson: Society of Petroleum Engineers.

[75]MODY F K, HALE A. Borehole-stability model to couple the mechanics and chemistry of drilling-fluid/shale interactions[J]. Journal of Petroleum Technology, 1993, 45(11): 1093-1101.

[76]BOL G, WONG S-W, DAVIDSON C, et al. Borehole stability in shales[J]. SPE Drilling & Completion, 1994, 9(2): 87-94.

[77]LAL M. Shale stability: drilling fluid interaction and shale strength[C]// SPE Asia Pacific Oil and Gas Conference and Exhibition, April, 1999, Jakarta, Indonesia. Richardson: Society of Petroleum Engineers.

[78]KHODJA M, CANSELIER J P, BERGAYA F, et al. Shale problems and water-based drilling fluid optimisation in the Hassi Messaoud Algerian oil field[J]. Applied Clay Science, 2010, 49(4): 383-393.

[79]MAHTO V, SHARMA V. Rheological study of a water based oil well drilling fluid[J]. Journal of Petroleum Science and Engineering, 2004, 45(1/2): 123-128.

[80]PATEL A, STAMATAKIS S, YOUNG S, et al. Advances in inhibitive water-based drilling fluids—can they replace oil-based muds? [C]// International Symposium on Oilfield Chemistry, Houston, Texas, USA, 28 February-2 March, 2007. Richardson: Society of Petroleum Engineers.

[81]LUTZ B D, LEWIS A N, DOYLE M W. Generation, transport, and disposal of wastewater associated with Marcellus Shale gas development [J]. Water Resources Research, 2013, 49(2): 647-656.

[82]孙金声,林喜斌,张斌,等. 国外超低渗透钻井液技术综述[J]. 钻井液与完井液, 2005(1): 57-59.

[83]冯萍,邱正松,曹杰. 交联型油基钻井液降滤失剂的合成及性能评价[J]. 钻井液与完井液, 2012, 29(1): 9-11.

[84]MUELLER H, HEROLD C-P, VON TAPAVICZA S, et al. Use of selected ester oils in drilling fluids and muds: CA2006010[P]. 1990-07-31.

[85]SCHLEMMER R, FRIEDHEIM J, GROWCOCK F, et al. Membrane efficiency in shale-an empirical evaluation of drilling fluid chemistries and implications for fluid design [C]//IADC/SPE Drilling Conference, February 26-28, 2002, Dallas, Texas, USA. Richardson: Society of Petroleum Engineers.

[86]TAN C P, WU B, MODY F K, et al. Development and laboratory verification of high membrane efficiency water-based drilling fluids with oil-based drilling fluid-like performance in shale stabilization[C]//SPE/ISRM Rock Mechanics Conference, October 20-23, 2002, Irving, Texas, USA. Richardson: Society of Petroleum Engineers.

[87]AMANULLAH M, AL-TAHINI A M. Nano-technology-its significance in smart fluid development for oil and gas field application[C]//SPE Saudi Arabia Section Technical Symposium, May 9-11, 2009, Al-Khobar, Saudi Arabia. Richardson: Society of Petroleum Engineers.

[88]王世谦,王书彦,满玲,等. 页岩气选区评价方法与关键参数[J]. 成都理工大学学报: 自然科学版, 2013, 40(6): 609-620.

[89]武瑾,梁峰,拜文华,等. 渝东北地区下志留统龙马溪组页岩气勘探前景[J]. 特种油气藏,2015,22(6):50-55.

[90]李娟,于炳松,刘策,等. 渝东南地区黑色页岩中黏土矿物特征兼论其对储层物性的影响——以彭水县鹿角剖面为例[J]. 现代地质,2012,26(4):732-740.

[91]刘继刚. 油基钻井液在泌页2HF井三开段的应用[J]. 科技资讯,2013(5):107-107.

[92]谭希硕. 国产油基钻井液在涪陵页岩气水平井中的应用[J]. 江汉石油职工大学学报,2015,28(1):26-29.

[93]王显光,李雄,林永学. 页岩水平井用高性能油基钻井液研究与应用[J]. 石油钻探技术,2013,41(2):17-22.

[94]李雄,王显光,林永学,等. 彭页2HF井油基钻井液技术[J]. 钻采工艺,2015,38(1):40-43.

[95]李东杰,王炎,魏玉皓,等. 页岩气钻井技术新进展[J]. 石油科技论坛,2017,36(1):49-56.

[96]CHEN X, CAO G, HAN A, et al. Nanoscale fluid transport: size and rate effects[J]. Nano Letters,2008,8(9):2988-2992.

[97]PRASHER R, PHELAN P E, BHATTACHARYA P. Effect of aggregation kinetics on the thermal conductivity of nanoscale colloidal solutions (nanofluid)[J]. Nano Letters,2006,6(7):1529-1534.

[98]彭小飞,俞小莉,夏立峰,等. 纳米流体悬浮稳定性影响因素[J]. 浙江大学学报(工学版),2007,41(4):577-580.

[99]宣益民,李强. 纳米流体强化传热研究[J]. 工程热物理学报,2000,21(4):466-470.

[100]JAPIP S, WANG H, XIAO Y, et al. Highly permeable zeolitic imidazolate framework (ZIF)-71 nano-particles enhanced polyimide membranes for gas separation[J]. Journal of Membrane Science,2014(467):162-174.

[101]潘庆谊,徐甲强. 微乳液法纳米SnO_2材料的合成,结构与气敏性能[J]. 无机材料学报. 1999,14(1):83-89.

[102]黄新民,吴玉程. 表面活性剂对复合镀层中TiO_2纳米颗粒分散性的影响[J]. 表面技术,1999,28(6):10-12.

[103]马建中,储芸,高党鸽. 表面活性剂在纳米材料领域中的应用[J]. 日用化学工业,2004,34(6):374-376.

[104]柯扬船,魏光耀. 纳米材料在石油天然气田开发中的应用进展[J]. 油田化学,2008,25(2):189-192.

[105]白小东,蒲晓林,郑艳. 钻井液用纳米处理剂研究[J]. 西南石油大学学报,2007(S1):43-45.

[106]徐同台,陈永浩,冯京海,等. 广谱型屏蔽暂堵保护油气层技术的探讨[J]. 钻井

液与完井液,2003,20(2):39-41.

[107]周治平,谢炳光. 纳米材料在钻井液中的应用[J]. 安全与环境工程,2012,19(6):144-147.

[108]郝宗香,王泽霖,豆亚娟,等. 一种抗盐耐温降滤失剂的室内研究[J]. 钻井液与完井液,2012,29(5):9-12.

[109]彭振,王中华,何焕杰,等. 纳米材料在油田化学中的应用[J]. 精细石油化工进展,2011,12(7):8-12.

[110]KRISHNAMOORTI R. Extracting the benefits of nanotechnology for the oil industry[J]. Journal of Petroleum Technology,2006,58(11):24-26.

[111]狄勤丰,沈琛,王掌洪,等. 纳米吸附法降低岩石微孔道水流阻力的实验研究[J]. 石油学报,2009,30(1):125-128.

[112]施明恒,帅美琴,赖彦锷,等. 纳米颗粒悬浮液池内泡状沸腾的实验研究[J]. 工程热物理学报,2006,27(2):298-300.

[113]CAI Y,KE H,DONG J,et al. Effects of nano-SiO_2 on morphology, thermal energy storage, thermal stability, and combustion properties of electrospun lauric acid/PET ultrafine composite fibers as form-stable phase change materials[J]. Applied Energy,2011,88(6):2106-2112.

[114]FANG G,LI H,YANG F,et al. Preparation and characterization of nano-encapsulated n-tetradecane as phase change material for thermal energy storage[J]. Chemical Engineering Journal,2009,153(1/2/3):217-221.

[115]POURAFSHARY P,AZIMPOUR S,MOTAMEDI P,et al. Priority assessment of investment in development of nanotechnology in upstream petroleum industry[C]//SPE Saudi Arabia Section Technical Symposium,May 9-11,2009,Al-Khobar,Saudi Arabia. Richardson:Society of Petroleum Engineers.

[116]ROMERO-SARMIENTO M -F,ROUZAUD J -N,BERNARD S,et al. Evolution of Barnett Shale organic carbon structure and nanostructure with increasing maturation[J]. Organic Geochemistry,2014(71):7-16.

[117]韩双彪,张金川,杨超,等. 渝东南下寒武页岩纳米级孔隙特征及其储气性能[J]. 煤炭学报,2013,38(6):1038-1043.

[118]邹才能,朱如凯,白斌,等. 中国油气储层中纳米孔首次发现及其科学价值[J]. 岩石学报,2011,27(6):1857-1864.

[119]LI G,ZHANG J,HOU Y. Nanotechnology to improve sealing ability of drilling fluids for shale with micro-cracks during drilling[C]//SPE International Oilfield Nanotechnology Conference and Exhibition,June 12-14,2012,Noordwijk,The Netherlands. Richardson:Society of Petroleum Engineers.

[120]王辉,王富华. 纳米技术在钻井液中的应用探讨[J]. 钻井液与完井液,2005,22(2):50-53.

[121] SHARMA M M, CHENEVERT M E, GUO Q, et al. A new family of nanoparticle based drilling fluids[C]//SPE Annual Technical Conference and Exhibition, October 8-10, 2012, San Antonio, Texas, USA. Richardson: Society of Petroleum Engineers.

[122] WAGLE V, AL-YAMI A S, ALABDULLATIF Z. Using nanoparticles to formulate sag-resistant invert emulsion drilling fluids[C]//SPE/IADC Drilling Conference and Exhibition, March 17-19, 2015, London, UK. Richardson: Society of Petroleum Engineers.

[123] CAI J, CHENEVERT M E, SHARMA M M, et al. Decreasing water invasion into Atoka shale using nonmodified silica nanoparticles[J]. SPE Drilling & Completion, 2012, 27(1): 103-112.

[124] 袁野, 蔡记华, 王济君, 等. 纳米二氧化硅改善钻井液滤失性能的实验研究[J]. 石油钻采工艺, 2013, 35(3): 30-33.

[125] NEEDAA A -M, PEYMAN P, HAMOUD A -H, et al. 采用海泡石纳米颗粒控制膨润土基钻井液性能[J]. 石油勘探与开发, 2016, 43(4): 656-661.

[126] 张艳娜, 孙金声, 王倩, 等. 国内外钻井液技术新进展[J]. 天然气工业, 2011, 31(7): 47-54.

[127] SAYYADNEJAD M, GHAFFARIAN H, SAEIDI M. Removal of hydrogen sulfide by zinc oxide nanoparticles in drilling fluid[J]. International Journal of Environmental Science & Technology, 2008, 5(4): 565-569.

[128] 袁丽, 郭祥鹃, 王宝田. 钻井液用纳米乳液RL-2的研究与应用[J]. 钻井液与完井液, 2005, 22(6): 16-18.

[129] QIAN F, CUI F, DING J, et al. Chitosan graft copolymer nanoparticles for oral protein drug delivery: preparation and characterization[J]. Biomacromolecules, 2006, 7(10): 2722-2727.

[130] MUCHOW M, MAINCENT P, MÜLLER R H. Lipid nanoparticles with a solid matrix (SLN®, NLC®, LDC®) for oral drug delivery[J]. Drug Development and Industrial Pharmacy, 2008, 34(12): 1394-1405.

[131] 林安, 程学群. 纳米二氧化钛表面化学改性及在涂料中的应用[J]. 材料保护, 2002, 35(11): 6-7.

[132] 胡纯, 龚文琪, 孙振亚, 等. 纳米技术在矿物材料中的应用[J]. 矿冶工程, 2005, 25(3): 70-72.

[133] 易华, 孙洪海, 李飞雪, 等. 聚硅纳米材料在油藏注水井中降压增注机理研究[J]. 哈尔滨师范大学自然科学学报, 2005, 21(6): 66-69.

[134] ILLÉS E, TOMBÁCZ E. The effect of humic acid adsorption on pH-dependent surface charging and aggregation of magnetite nanoparticles[J]. Journal of Colloid and Interface Science, 2006, 295(1): 115-123.

[135]ZHOU D, ABDEL-FATTAH A I, KELLER A A. Clay particles destabilize engineered nanoparticles in aqueous environments[J]. Environmental Science & Technology, 2012, 46(14): 7520-7526.

[136]解修强,佘希林,袁芳,等. 表面活性剂在纳米材料合成中的应用[J]. 微纳电子技术, 2008, 45(8): 453-457.

[137]林常茂,张永青,刘超,等. 新型井壁稳定剂 DLF-50 的研制与应用[J]. 钻井液与完井液, 2015, 32(4): 17-20.

[138]CAI J-H, YUAN Y, WANG J-J, et al. Experimental research on decreasing coalbed methane formation damage using micro-foam mud stabilized by nanoparticles[J]. Journal of China Coal Society, 2013, 38(9): 1640-1645.

[139]焦淑静,韩辉,翁庆萍,等. 页岩孔隙结构扫描电镜分析方法研究[J]. 电子显微学报, 2012, 31(5): 432-436.

[140]钟太贤. 中国南方海相页岩孔隙结构特征[J]. 天然气工业, 2012, 32(9): 1-4.

[141]游云武,梁文利,宋金初,等. 焦石坝页岩气高性能水基钻井液的研究及应用[J]. 钻采工艺, 2016, 39(5): 80-82.

[142]匡韶华,蒲晓林,柳燕丽. 超高密度水基钻井液滤失造壁性控制原理[J]. 钻井液与完井液, 2010, 27(5): 8-11.

[143]ZAKARIA M, HUSEIN M M, HARLAND G. Novel nanoparticle-based drilling fluid with improved characteristics[C]//SPE International Oilfield Nanotechnology Conference and Exhibition, June 12-14, 2012, Noordwijk, The Netherlands. Richardson: Society of Petroleum Engineers.

[144]LI M-C, WU Q, SONG K, et al. Cellulose nanoparticles as modifiers for rheology and fluid loss in bentonite water-based fluids[J]. ACS Applied Materials & Interfaces, 2015, 7(8): 5006-5016.

[145]陈辛未,黄进军,徐英,等. 水基钻井液用碳酸钙微米颗粒的分散状况[J]. 材料科学与工艺, 2016, 24(3): 50-54.

[146]姚超,杨光,林西平,等. 纳米技术与纳米材料(X)——纳米二氧化钛的表面处理[J]. 日用化学工业, 2004(4): 49-52.

[147]王越之,罗春芝,刘霞,等. 新型纳米乳液润滑剂 NMR 的研制[J]. 天然气工业, 2008, 28(12): 48-50.

[148]JIANG J, OBERDÖRSTER G, BISWAS P. Characterization of size, surface charge, and agglomeration state of nanoparticle dispersions for toxicological studies[J]. Journal of Nanoparticle Research, 2009, 11(1): 77-89.

[149]HWANG Y, LEE J-K, LEE J-K, et al. Production and dispersion stability of nanoparticles in nanofluids[J]. Powder Technology, 2008, 186(2): 145-153.

[150]柯扬船. 蒙脱土——聚合物纳米复合材料及其在油田开发中应用性能探讨[J]. 油田化学, 2003, 20(2): 99-102.

[151] 孙金声, 屈沅治, 刘芳, 等. 纳米膨润土复合体的制备及性能[J]. 钻井液与完井液, 2006, 23(2): 8-10.

[152] 屈沅治, 孙金声, 苏义脑. 纳米复合型聚(苯乙烯-b-丙烯酰胺)/蒙脱土的性能研究[J]. 石油钻探技术, 2007, 35(4): 50-52.

[153] 白小东, 蒲晓林, 张辉. 纳米成膜剂NM-1的合成及其在钻井液中的应用研究[J]. 钻井液与完井液, 2007, 24(1): 13-14.

[154] 崔迎春, 李家芬, 苏长明. 钻井液纳米润滑乳化剂的实验研究[J]. 钻井液与完井液, 2008, 25(6): 29-31.

[155] 陈二丁, 周辉. 成膜强抑制纳米封堵钻井液的研究[J]. 钻井液与完井液, 2011, 28(3): 39-41.

[156] LI G, ZHANG J, HOU Y. Nanotechnology to improve sealing ability of drilling fluids for shale with micro-cracks during drilling[C]//SPE International Oilfield Nanotechnology Conference and Exhibition, June 12-14, 2012, Noordwijk, The Netherlands. Richardson: Society of Petroleum Engineers.

[157] JAVERI S M, HAINDADE Z M W, JERE C B. Mitigating loss circulation and differential sticking problems using silicon nanoparticles[C]//SPE/IADC Middle East Drilling Technology Conference and Exhibition, October 24-26, 2011, Muscat, Oman. Richardson: Society of Petroleum Engineers.

[158] HOELSCHER K P, DE STEFANO G, RILEY M, et al. Application of nanotechnology in drilling fluids[C]//SPE International Oilfield Nanotechnology Conference and Exhibition, June 12-14, 2012, Noordwijk, The Netherlands. Richardson: Society of Petroleum Engineers.

[159] ZAKARIA F, JOHARI D, MUSIRIN I. Artificial neural network (ANN) application in dissolved gas analysis (DGA) methods for the detection of incipient faults in oil-filled power transformer[C]//2012 IEEE International Conference on Control System, Computing and Engineering, November 23-25, 2012, Penang, Malaysia. New York: IEEE.

[160] 张克勤, 刘庆来, 杨子超, 等. 无侵害钻井液技术研究现状及展望[J]. 石油钻探技术, 2006, 34(1): 1-5.

[161] VRYZAS Z, KELESSIDIS V C. Nano-based drilling fluids: a review[J]. Energies, 2017, 10(4): 540.

[162] VAN OORT E, HALE A, MODY F, et al. Transport in shales and the design of improved water-based shale drilling fluids[J]. SPE Drilling & Completion, 1996, 11(3): 137-146.

[163] CUNDALL P A, STRACK O D. A discrete numerical model for granular assemblies[J]. Geotechnique, 1979, 29(1): 47-65.

[164] TSUJI Y, KAWAGUCHI T, TANAKA T. Discrete particle simulation of two-dimensional fluidized bed[J]. Powder Technology, 1993, 77(1): 79-87.

[165]李洪昌,李耀明,唐忠,等. 风筛式清选装置振动筛上物料运动CFD-DEM数值模拟[J]. 农业机械学报,2012,43(2):79-84.

[166]ZHU H,ZHOU Z,YANG R,et al. Discrete particle simulation of particulate systems:theoretical developments[J]. Chemical Engineering Science,2007,62(13):3378-3396.

[167]徐泳,孙其诚,张凌,等. 颗粒离散元法研究进展[J]. 力学进展,1900,33(2):251-260.

[168]BERNAL J,CHERRY I,FINNEY J,et al. An optical machine for measuring sphere coordinates in random packings[J]. Journal of Physics E:Scientific Instruments,1970,3(5):388.

[169]FINNEY J. Random packings and the structure of simple liquids. I. The geometry of random close packing[J]. Proceedings of the Royal Society of London,1970,319(1539):479-493.

[170]潘振海,王昊,王习东,等. 油砂干馏系统的DEM-CFD耦合模拟[J]. 天然气工业,2008,28(12):124-126.

[171]VARGAS W L,MCCARTHY J. Heat conduction in granular materials[J]. AIChE Journal,2001,47(5):1052-1059.

[172]仇轶,由长福,祁海鹰,等. 用DEM软球模型研究颗粒间的接触力[J]. 工程热物理学报,2002(S1):197-200.

[173]BRYANT S L,MELLOR D W,CADE C A. Physically representative network models of transport in porous media[J]. AIChE Journal,1993,39(3):387-396.

[174]ABICHOU T,BENSON C H,EDIL T B. Network model for hydraulic conductivity of sand-bentonite mixtures[J]. Canadian Geotechnical Journal,2004,41(4):698-712.

[175]张晓娜,岳树元,章利特,等. 激波驱动的气固两相流力学特性研究[J]. 水动力学研究与进展:A辑,2008,23(5):538-545.

[176]SCOTT G D. Radial distribution of the random close packing of equal spheres[J]. Nature,1962(194):956-957.

[177]BIDEAU D,HANSEN A. Disorder and granular media[M]. Amsterdam:North Holland,1993.

[178]陆坤权. 颗粒物质(上)[J]. 物理,2004,33(9):7.

[179]LIU L,ZHANG Z,YU A. Dynamic simulation of the centripetal packing of mono-sized spheres[J]. Physica A:Statistical Mechanics and its Applications,1999,268(3/4):433-453.

[180]YANG R,ZOU R,YU A. A simulation study of the packing of wet particles[J]. AIChE Journal,2003,49:1656-1666.

[181]韩燕龙,贾富国,唐玉荣,等. 颗粒滚动摩擦系数对堆积特性的影响[J]. 物理学

报，2014(17)：165-171.

[182] POTYONDY D O, CUNDALL P. A bonded-particle model for rock[J]. International Journal of Rock Mechanics and Mining Sciences, 2004, 41(8): 1329-1364.

[183] BRENDEL L, DIPPEL S. Lasting contacts in molecular dynamics simulations[M]//HERRMANN H J, HOVI J-P, LUDING S. Physics of dry granular media. Dordrecht: Springer, 1998.

[184] CUNDALL P, STRACK O. Modeling of microscopic mechanisms in granular material[J]. Studies in Applied Mechanics, 1983(7): 137-149.

[185] DI RENZO A, DI MAIO F P. Homogeneous and bubbling fluidization regimes in DEM-CFD simulations: hydrodynamic stability of gas and liquid fluidized beds[J]. Chemical Engineering Science, 2007, 62(1/2): 116-130.

[186] ELATA D, BERRYMAN J G. Contact force-displacement laws and the mechanical behavior of random packs of identical spheres[J]. Mechanics of Materials, 1996, 24(3): 229-240.

[187] ALESHIN V, VAN DEN ABEELE K. Preisach analysis of the Hertz-Mindlin system[J]. Journal of the Mechanics and Physics of Solids, 2009, 57(4): 657-672.

[188] SVAROVSKY L. Powder testing guide: methods of measuring the physical properties of bulk powders[M]. Dordrecht: Springer, 1987.

[189] DUNNY G M, HAUSNER T, CLEWELL D B. Buoyant densities of DNA from various strains of Streptococcus mutans[J]. Archives of Oral Biology, 1972, 17(6): 1001-1003.

[190] VAN OSS C, GOOD R, CHAUDHURY M. The role of van der Waals forces and hydrogen bonds in "hydrophobic interactions" between biopolymers and low energy surfaces[J]. Journal of Colloid and Interface Science, 1986, 111(2): 378-390.

[191] CASIMIR H, POLDER D. The influence of retardation on the London-van der Waals forces[J]. Physical Review, 1948, 73(4): 360.

[192] TEN Hulscher Th E M, Cornelissen G. Effect of temperature on sorption coefficients and sorption kinetics of organic micropollutants-a review[J]. Chemosphere, 1996, 32(4): 609-626.

[193] DE BOER J, HAMAKER H, VERWEY E. Electro-deposition of a thin layer of powdered substances[J]. Recueil des Travaux Chimiques des Pays-Bas. 1939, 58(8): 662-665.

[194] KRUPP H. Recent results in particle adhesion: UHV measurements, light-modulated adhesion and the effect of adsorbates[J]. The Journal of Adhesion, 1972, 4(1): 83-86.

[195] KRUPP H, SPERLING G. Theory of adhesion of small particles[J]. Journal of Applied Physics, 1966, 37(11): 4176-4180.

[196] MUGURUMA Y, TANAKA T, KAWATAKE S, et al. Discrete particle simulation of a rotary vessel mixer with baffles[J]. Powder Technology, 1997, 93(3): 261-266.

[197] MUGURUMA Y, TANAKA T, TSUJI Y. Numerical simulation of particulate flow with liquid bridge between particles (simulation of centrifugal tumbling granulator)[J]. Powder Technology, 2000, 109(1/2/3): 49-57.

[198] CHEN H, YANG W, HE Y, et al. Heat transfer and flow behaviour of aqueous suspensions of titanate nanotubes (nanofluids)[J]. Powder Technology, 2008, 183(1): 63-72.

[199] YANG W -C. Handbook of fluidization and fluid-particle systems[M]. Boca Raton: CRC Press, 2003.

[200] LEE S, CHOI S -S, LI S, et al. Measuring thermal conductivity of fluids containing oxide nanoparticles[J]. Journal of Heat Transfer, 1999, 121(2): 280-289.

[201] WANG W, LU Y, FU J S, et al. Particle swarm optimization and finite-element based approach for microwave filter design[J]. IEEE Transactions on Magnetics, 2005, 41(5): 1800-1803.

[202] KETELSON H, MEADOWS D. Inorganic nanopartices to modify the viscosity and physical properties of ophthalmic and otic compositions: EP1471925[P]. 2005-01-06.

[203] DONG S, KARNIADAKIS G, EKMEKCI A, et al. A combined direct numerical simulation—particle image velocimetry study of the turbulent near wake[J]. Journal of Fluid Mechanics, 2006(569): 185-207.

[204] YAMAMOTO Y, POTTHOFF M, TANAKA T, et al. Large-eddy simulation of turbulent gas—particle flow in a vertical channel: effect of considering inter-particle collisions [J]. Journal of Fluid Mechanics, 2001(442): 303-334.

[205] FENG Z -G, MICHAELIDES E E. The immersed boundary-lattice Boltzmann method for solving fluid—particles interaction problems[J]. Journal of Computational Physics, 2004, 195(2): 602-628.

[206] CHEN S, DOOLEN G D. Lattice Boltzmann method for fluid flows[J]. Annual Review of Fluid Mechanics, 1998, 30(1): 329-364.

[207] LADD A, VERBERG R. Lattice-Boltzmann simulations of particle-fluid suspensions [J]. Journal of Statistical Physics, 2001, 104(5/6): 1191-1251.

[208] LI J, KUIPERS J. Gas-particle interactions in dense gas-fluidized beds[J]. Chemical Engineering Science, 2003, 58(3/4/5/6): 711-718.

[209] CROWE C, SOMMERFELD M, TSUJI Y. Fundamentals of gas-particle and gas-droplet flows[M]. Boca Raton: CRC Press, 1998.

[210] LING W, CHUNG J, TROUTT T, et al. Direct numerical simulation of a three-dimensional temporal mixing layer with particle dispersion[J]. Journal of Fluid Mechanics, 1998(358): 61-85.

[211]ALFARO J, RODRIGUEZ P, LECUONA A, et al. Low NOx LPP combustion test facility with four transparent windows for non intrusive flow diagnostics[C]//ASME 1999 International Gas Turbine and Aeroengine Congress and Exhibition, June 7-10, 1999, Indianapolis, Indiana. New York: American Society of Mechanical Engineers.

[212]KURUNERU S T, SAURET E, VAFAI K, et al. Analysis of particle-laden fluid flows, tortuosity and particle-fluid behaviour in metal foam heat exchangers[J]. Chemical Engineering Science, 2017(172): 677-687.

[213]WANG Z, KWAUK M, LI H. Fluidization of fine particles[J]. Chemical Engineering Science, 1998, 53(3): 377-395.

[214]KUIPER S, VAN RIJN C, NIJDAM W, et al. Determination of particle-release conditions in microfiltration: a simple single-particle model tested on a model membrane[J]. Journal of Membrane Science, 2000, 180(1): 15-28.

[215]LI N, SIOUTAS C, CHO A, et al. Ultrafine particulate pollutants induce oxidative stress and mitochondrial damage[J]. Environmental Health Perspectives, 2003, 111(4): 455.

[216]BERENDSEN H J, VAN DER SPOEL D, VAN DRUNEN R. GROMACS: a message-passing parallel molecular dynamics implementation[J]. Computer Physics Communications, 1995, 91(1/2/3): 43-56.

[217]STARR F W, SCHRØDER T B, GLOTZER S C. Molecular dynamics simulation of a polymer melt with a nanoscopic particle[J]. Macromolecules, 2002, 35(11): 4481-4492.

[218]NOSÉ S. A molecular dynamics method for simulations in the canonical ensemble[J]. Molecular Physics, 1984, 52(2): 255-268.

[219]STEIGER R P, LEUNG P K. Quantitative determination of the mechanical properties of shales[J]. Society of Petroleum Engineers, 1992, 7(3): 181-185.

[220]VAN OORT E, RIPLEY D, WARD I, et al. Silicate-based drilling fluids: competent, cost-effective and benign solutions to wellbore stability problems[C]//SPE/IADC Drilling Conference, New Orleans, Louisiana, USA, March 12-15, 1996. Richardson: Society of Petroleum Engineers.

[221]ZHANG J C, LANG J, STANDIFIRD W. Stress, porosity, and failure-dependent compressional and shear velocity ratio and its application to wellbore stability[J]. Journal of Petroleum Science and Engineering, 2009, 69(3/4): 193-202.

[222]XU B, YU A. Numerical simulation of the gas-solid flow in a fluidized bed by combining discrete particle method with computational fluid dynamics[J]. Chemical Engineering Science, 1997, 52(16): 2785-2809.

[223]DEEN N, ANNALAND M V S, VAN DER HOEF M A, et al. Review of discrete particle modeling of fluidized beds[J]. Chemical Engineering Science, 2007, 62(1/2): 28-44.

[224]刘安源, 刘石. 流化床内颗粒碰撞传热的理论研究[J]. 中国电机工程学报, 2003, 23(3): 161-165.

[225]CLEARY P W. Industrial particle flow modelling using discrete element method[J]. Engineering Computations, 2009, 26(6): 698-743.

[226] TSUJI T, YABUMOTO K, TANAKA T. Spontaneous structures in three-dimensional bubbling gas-fluidized bed by parallel DEM-CFD coupling simulation[J]. Powder Technology, 2008, 184(2): 132-140.

[227]王维,李佑楚. 颗粒流体两相流模型研究进展[J]. 化学进展, 2000, 12(2): 208.

[228]张夏,周力行. 双流体颗粒-壁面碰撞模型用于旋流流动[J]. 工程热物理学报, 2004, 25(1): 81-84.

[229]CHEN T, SEDIGHI M, JIVKOV A P, et al. A model for hydraulic conductivity of compacted bentonite-inclusion of microstructure effects under confined wetting [J]. Geotechnique, 2020, 71(12): 1071-1084.

[230]李艳洁,徐泳. 用离散元模拟颗粒堆积问题[J]. 农机化研究, 2005(2): 57-59.

[231]LONGEST P W, KLEINSTREUER C, BUCHANAN J R. Efficient computation of micro-particle dynamics including wall effects[J]. Computers & Fluids, 2004, 33(4): 577-601.

[232]TAN Y, YANG D, SHENG Y. Discrete element method (DEM) modeling of fracture and damage in the machining process of polycrystalline SiC[J]. Journal of the European Ceramic Society, 2009, 29(6): 1029-1037.

[233]葛蔚,李静海. 颗粒流体系统的宏观拟颗粒模拟[J]. 科学通报, 2001, 46(10): 802-805.

[234]CARMAN P C. Flow of gases through porous media[M]. New York: Academic Press, 1956.

[235] BEARD K, GROVER S. Numerical collision efficiencies for small raindrops colliding with micron size particles[J]. Journal of the Atmospheric Sciences, 1974, 31(2): 543-550.

[236]PRUPPACHER H, LE CLAIR B, HAMIELEC A. Some relations between drag and flow pattern of viscous flow past a sphere and a cylinder at low and intermediate Reynolds numbers[J]. Journal of Fluid Mechanics, 1970, 44(4): 781-790.

[237] RAMACHANDRAN V, FOGLER H S. Plugging by hydrodynamic bridging during flow of stable colloidal particles within cylindrical pores[J]. Journal of Fluid Mechanics, 1999(385): 129-156.

[238]周健,池永,池毓蔚,等. 颗粒流方法及PFC2D程序[J]. 岩土力学, 2000, 21(3): 271-274.

[239]孙其诚,金峰. 颗粒物质的多尺度结构及其研究框架[J]. 物理, 2009, 38(4): 225-232.

[240]MA T, CHEN P. Study of meso-damage characteristics of shale hydration based on CT scanning technology[J]. Petroleum Exploration and Development, 2014, 41(2): 249-256.

[241]王萍,屈展.基于核磁共振的脆硬性泥页岩水化损伤演化研究[J].岩土力学,2015,36(3):687-693.

[242]YE J, ROCO M. Particle rotation in a Couette flow[J]. Physics of Fluids A: Fluid Dynamics, 1992, 4(2): 220-224.

[243]王淑彦,赵云华,姜健,等.数值模拟颗粒旋转对流化床内气固两相流动特性的影响[J].工程热物理学报,2007,28(2):262-264.

[244]KANG Y, SHE J, ZHANG H, et al. Strengthening shale wellbore with silica nanoparticles drilling fluid[J]. Petroleum, 2016, 2(2): 189-195.

[245]MOSLEMIZADEH A, SHADIZADEH S R. Minimizing water invasion into Kazhdumi Shale using nanoparticles[J]. Iranian Journal of Oil & Gas Science and Technology, 2015, 4(4): 15-32.

[246]TATEO F, RAVAGLIOLI A, ANDREOLI C, et al. The in-vitro percutaneous migration of chemical elements from a thermal mud for healing use[J]. Applied Clay Science, 2009, 44(1/2): 83-94.

[247]CURTIS J B. Fractured shale-gas systems[J]. AAPG Bulletin, 2002, 86(11): 1921-1938.

[248]邹才能,董大忠,王社教,等.中国页岩气形成机理、地质特征及资源潜力[J].2010,37(6):641-653.

[249]KUUSKRAA V. World shale gas resources: an initial assessment of 14 regions outside the United States[R]. Washington, D.C.: US Department of Energy, 2011.

[250]FOWKES F M. Attractive forces at interfaces[J]. Industrial & Engineering Chemistry, 1964, 56(12): 40-52.

[251]KOTLYAR L, KODAMA H, SPARKS B, et al. Non-crystalline inorganic matter-humic complexes in Athabasca oil sand and their relationship to bitumen recovery[J]. Applied Clay Science, 1987, 2(3): 253-271.

[252]梁利喜,熊健,刘向君.水化作用和润湿性对页岩地层裂纹扩展的影响[J].石油实验地质,2014(6):780-786.

[253]MIRCHI V, SARAJI S, GOUA L, et al. Dynamic interfacial tension and wettability of shale in the presence of surfactants at reservoir conditions[J]. Fuel, 2015(148): 127-138.

[254]王红岩,刘玉章,董大忠,等.中国南方海相页岩气高效开发的科学问题[J].石油勘探与开发,2013,40(5):574-579.

[255]BUCKLEY J S, BOUSSEAU C, LIU Y. Wetting alteration by brine and crude oil: from contact angles to cores[J]. SPE Journal, 1996, 1(3): 341-350.

[256]袁怡康,郭辉,刘传海.北部湾涠西钻井液技术[J].海洋石油,2016,36(3):103-106.

[257]徐加放,邱正松,何群.可循环微泡沫钻井液的防塌机理及应用研究[J].钻井液与完井液,2010,27(4):7-9.

[258] MUNOZ-MEJIA G, DOMINGUEZ-CUELLAR L, LUNA-PABELLO V, et al. Acute toxicity of drilling fluids used in Mexican offshore facilities tested with postlarvae white shrimp (Litopenaeus setiferus)[C]. Richardson: Society of Petroleum Engineers, 2000.